典型机械的原理、构造与拆装实训教程

主　编　于琳琳
副主编　杨小代　张文文　袁　林

燕山大学出版社
·秦皇岛·

图书在版编目(CIP)数据

典型机械的原理、构造与拆装实训教程/于琳琳主编. —秦皇岛:燕山大学出版社,2021.12

ISBN 978-7-5761-0233-8

Ⅰ.①典… Ⅱ.①于… Ⅲ.①机构学—教材 Ⅳ.①TH111

中国版本图书馆 CIP 数据核字(2021)第 212694 号

典型机械的原理、构造与拆装实训教程

于琳琳 主编

出 版 人:陈 玉

责任编辑:孙志强

封面设计:刘韦希

出版发行:燕山大学出版社
YANSHAN UNIVERSITY PRESS

地 址:河北省秦皇岛市河北大街西段 438 号

邮政编码:066004

电 话:0335-8387555

印 刷:英格拉姆印刷(固安)有限公司

经 销:全国新华书店

开 本:787 mm×1092 mm 1/16			印 张:13.75	字 数:291 千字	
版 次:2021 年 12 月第 1 版			印 次:2021 年 12 月第 1 次印刷		

书 号:ISBN 978-7-5761-0233-8

定 价:59.00元

前　言

"机械拆装实验"是燕山大学机械类专业独立开设的 16 学时实验课,开课十余年来秉承"以学生为中心、以能力为导向"的项目式教育理念,通过形象直观的实际动手操作,将理论知识与实践进行有机结合,紧密围绕使学生有效掌握工程实践能力开展教学工作。通过多年来的实践教学我们认识到,一本好的实训教材是提高学生学习能力和学习兴趣的重要因素之一。因此,紧密结合高等院校机械类专业的教材大纲,总结实践教学的经验,吸收前人的优点编写了本教材。

此次所编写教材全面总结实验课程教学经验,拟以四冲程发动机、两冲程发动机、钻铣床、齿轮泵、变速器、减速机为例,较为系统地介绍典型机器及其零部件的正确拆卸、装配、检查、调校等内容。学生参照本教材进行实训,既能从理论和实践上掌握典型机器的结构和原理,又能较为全面地认识并学习被拆装机器的设计思想,鼓励学生之间、学生与教师之间互相探讨,通过讨论得出结论。机械工程的知识博大精深、浩瀚无涯,通过有限的机器进行拆装,只能使初学者掌握有限的知识和技巧,而若留心则处处都是学问,知识的积累在于聚沙成塔、集腋成裘。如果通过本教材能使学生掌握部分应用知识,能够具有理论联系实际的感受,能够与所学课程互相联系,我们将无比欣慰。

本教材中,准备篇由于琳琳、张文文编写,发动机篇由于琳琳编写,钻铣床篇由于琳琳、袁林编写,齿轮泵篇、变速器篇和减速器篇由杨小代、于琳琳编写,全书由侯雨雷教授主审。在准备篇中介绍了安全注意事项、常用拆装工具及量具的使用,以及拆装实训考核办法,为拆装实训做好准备;在后续各篇中,详细地介绍了能力提示、结构设计介绍、实训内容、操作方法和注意事项,格式统一、有序、内容全面。

由于水平有限,书中若有不当之处,敬请同行专家和广大读者批评指正。

目　录

准 备 篇

发动机篇

钻铣床篇

齿轮泵篇

变速器篇

减速器篇

准备篇

第1章 拆装实训课程基本知识

1.1 本章提示

知识目标

1. 了解各种常用工具的种类和功用。

2. 了解拆装实训安全知识。

3. 了解拆装实训评分标准。

能力目标

1. 具有正确使用各种通用工具、常用举重设备和拆装工具的能力。

2. 具有一定的安全操作意识和规则。

1.2 拆装工具介绍

1.2.1 常用拆装工具介绍及使用方法

1. 扳手

常见的扳手有活扳手、呆扳手(开口扳手)、梅花扳手、扭矩扳手和内六角扳手等。

(1) 活扳手(见图 1-1)。活扳手又称活动扳手,其开口宽度能在一定范围内调节,其规格是以最大开口宽度(mm)×扳手长度(mm)来表示。常用的尺寸型号有 24 mm×200 mm、36 mm×300 mm 等多种规格。活扳手操作不太方便,需要旋转螺杆才能使开口张开及缩小,且容易从螺栓上滑移,应尽量减少使用。

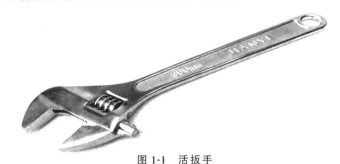

图 1-1 活扳手

使用方法:

① 根据螺栓、螺母的尺寸先调好扳手的开口大小。

② 将扳手固定部分置于受力大的一侧,垂直或水平插入螺栓头部。

注意:

① 使用时应使拉力作用在开口较厚的一边(见图 1-2)。

② 使用时,不准在活扳手的手柄上随意加套管或锤击,以免损坏扳手或螺栓。

③ 禁止将活扳手当锤子使用。

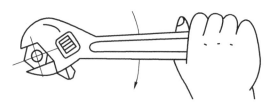

图 1-2　活扳手使用方法

（2）呆扳手（见图 1-3）。按其开口的宽度大小分为 5-7 mm、8-10 mm、9-11 mm、12-14 mm、13-15 mm、14-17 mm、17-19 mm、21-23 mm、22-24 mm 等规格,通常是成套装备,有 8 件一套、10 件一套等。国外有些呆扳手采用英制单位,适用于英制螺栓的拆装。

(a) 双头呆扳手　　　　　　　　(b) 单头呆扳手

图 1-3　呆扳手

使用方法:
① 根据螺栓或螺母的尺寸,选择相应尺寸的呆扳手。
② 将扳手的开口垂直或水平插入螺栓头部。
③ 将扳手较厚的一边置于受力大的一侧,扳动扳手。

注意:
① 不能用于拧紧力矩较大的螺栓和螺母。
② 为了防止扳手损坏或者滑脱,应使拉力作用在开口较厚的一边（见图 1-4）。
③ 使用时,应将扳手手柄往身边拉,切不可向外推,以免将手碰伤。
④ 使用时,不准在扳手上随意加套管或锤击,以免损坏扳手或螺栓。
⑤ 不能将呆扳手当撬棒使用。

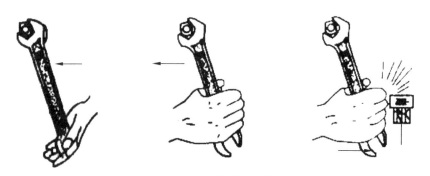

图 1-4　呆扳手使用方法

（3）梅花扳手（见图 1-5）。梅花扳手两端内孔为正六边形,按其闭口尺寸的大小分 5.5-7 mm、8-10 mm、9-11 mm、12-14 mm、13-15 mm、14-17 mm、17-19 mm、21-23 mm、22-24 mm 等规格。通常是成套装备,一般有 8 件一套、10 件一套等。

图 1-5　梅花扳手

与呆扳手相比,梅花扳手扳动 30°后,即可换位再套,适于狭窄场合下操作,而且具有强度高、不易滑脱等优点,应优先使用。

使用方法:

① 根据螺栓或螺母的尺寸,选择相应尺寸的梅花扳手。

② 将扳手垂直套入螺栓头部。

③ 轻扳转动时,手势与呆扳手相同;用力扳转时,四指拇指应上下握紧扳手手柄,向身边扳转。

注意:

① 使用时,不准在梅花扳手上随意加套管或锤击。

② 禁止使用内孔磨损过其的梅花扳手。

③ 不能将梅花扳手当撬棒使用。

有的扳手一头是呆扳手,另一头是梅花扳手,被称为两用扳手(见图 1-6)。

图 1-6　两用扳手

(4) 套筒扳手(见图 1-7)。套筒扳手的内孔形状与梅花扳手相同(正六边形)。常用的套筒扳手有 24 件套和 32 件套,套筒规格有 6～24 mm 和 6～32 mm 两种,配有滑头手柄、棘轮手柄、快速摇柄、接头和接杆等,以方便操作和提高效率。套筒扳手除了具有一般扳手的用途外,特别适用于拆装位置狭小或隐蔽较深处的六角螺母或螺栓,比梅花扳手更方便快捷,应优先使用。

使用方法:

① 使用时根据螺栓、螺母的尺寸选择套筒。

② 将套筒套在快速摇柄的方形端头上(视需要可与长接杆或短接杆配合使用)。

③ 将套筒套在螺栓或螺母上,转动快速摇柄进行拆装。

注意:

① 不准拆装过紧的螺栓、螺母。

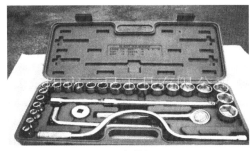

图 1-7　套筒扳手

② 拆装时,握摇柄的手切勿摇晃,以免套筒滑出或损坏螺栓、螺母的六角头。

③ 禁止用锤子将套筒击入变形的螺栓、螺母的六角头进行拆装,以免损坏套筒。禁止使用内孔磨损过其的套筒。

还有一些专用的 T 形套筒扳手(见图1-8),用于特定部位螺栓、螺母的拆装。

图 1-8 T 形套筒扳手

(5)扭力扳手。扭力扳手与套筒扳手中的套筒头配合使用(见图1-9),可以直接读取力矩的大小,适用于有明确力矩规定的重要部位的螺栓和螺母(如发动机连杆螺栓、气缸盖螺栓等)的紧固。在扭紧时,指针可以表示出扭矩数值,通常使用的规格是 $0\sim300$ N·m。扭力扳手常用的形式有刻度盘式和预置式。

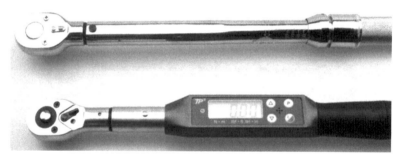

图 1-9 扭力扳手

使用方法:

① 将套筒插入扭力扳手的方芯。

② 用左手把住套筒,右手握紧扭力扳手手柄往身边扳转。

③ 预调式扭力扳手使用前应先将力矩调校至规定值。

注意:

① 禁止往外推扭力扳手手柄,以免滑脱而损伤身体。

② 对要求拧紧力矩较大、工件较大、螺栓数较多的螺栓、螺母,应按一定顺序分次拧紧。

③ 拧紧螺栓、螺母时,不能用力过猛,以免损坏螺纹。禁止使用无刻度盘或刻度线不清的扭力扳手。拆装时,禁止在扭力扳手的手柄上再加套管或用锤子锤击。

(6)内六角扳手。内六角扳手用来拆装内六角螺栓(见图1-10),以六角形对边尺寸 s 表示,有 $3\sim27$ mm 尺寸 13 种。

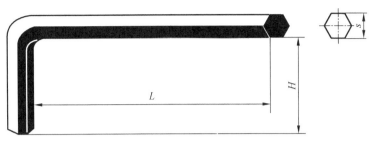

图 1-10　内六角扳手

（7）勾扳手。勾扳手又称月牙扳手（见图 1-11），用于拧转厚度受限制的扁螺母等。专用于拆装车辆和机械设备上的圆螺母，卡槽分为长方形卡槽和圆形卡槽。

图 1-11　勾扳手

2. 螺钉旋具

螺钉旋具主要有一字槽螺钉旋具和十字槽螺钉旋具两种。螺钉旋具由手柄、刀体和刃口组成（见图 1-12），其规格以刀体部分的长度来表示。常用的规格有 100 mm、150 mm、200 mm 和 300 mm 等几种。

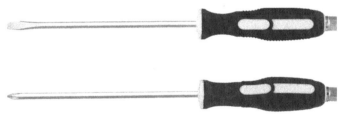

图 1-12　螺钉旋具

使用方法：

① 使用时，右手握住螺钉旋具，手心抵住柄端，螺钉旋具与螺钉同轴心，压紧后用手腕扭转。松动后用手心轻压螺钉旋具，用拇指、中指、食指快速扭转。

② 使用长杆螺钉旋具，可用左手协助压紧和拧动手柄。

注意：

① 刃口应与螺钉槽口大小、宽窄相适应，刃口不得有残缺，以免损坏螺钉的槽口。

② 不准用锤子敲击螺钉旋具柄当錾子使用。

③ 不准将螺钉旋具当抵棒使用。

④ 不可在螺钉旋具口端用扳手或钳子增加扭力，以免损伤螺钉旋具杆。

3. 钳子

机械拆装中常用的钳子有钢丝钳（见图 1-13）、尖嘴钳（见图 1-14）和鲤鱼钳（见图 1-15）等，一般用于切断金属丝、夹持或弯曲小零件。

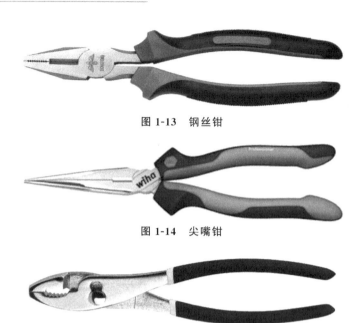

图 1-13　钢丝钳

图 1-14　尖嘴钳

图 1-15　鲤鱼钳

钢丝钳:按其钳长分为 150 mm、175 mm、200 mm 三种。钢丝钳主要用于夹持圆柱形零件,也可以代替扳手旋小螺栓或小螺母,钳口后部的刃口可剪切金属丝。

尖嘴钳:机械拆装常用的尖嘴钳,其钳长是 160 mm。尖嘴钳因其头部细长而得名,能在较小的空间使用,其刃口也能剪切细小金属丝,使用时不能用力太大,否则钳口头部会变形或断裂。

鲤鱼钳:按其钳长分为 165 mm、200 mm 两种。鲤鱼钳作用与钢丝钳相同,其中部凹口粗长,便于夹持圆柱形零件,由于一片钳体上有两个互相贯通的孔,可以方便地改变钳口大小,以适应夹持不同大小的零件,在汽车维修中使用较多。

使用方法:

① 根据需要选用钢丝钳、鲤鱼钳或尖嘴钳,擦净油污。

② 用手握住钳柄后端,使钳口闭合夹紧工件。

注意:

① 禁止用钳子当扳手、撬棒或锤子使用。

② 不准用锤子击打钳子。

③ 禁止用钳子夹持高温零件。

④ 不要用钳子代替扳手松紧 M5 以上的螺纹连接件,以免损坏螺栓或螺母。

挡圈钳(见图 1-16):挡圈钳又称卡簧钳,有多种结构形式,用于拆装发动机中的各种挡圈(卡簧),使用时根据挡圈(卡簧)的结构形式,选择相应的挡圈钳。

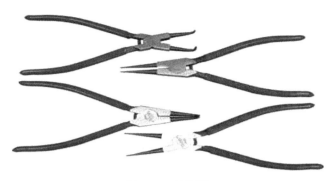

图 1-16　挡圈钳

4. 锤子

锤子按锤头形状分有圆头、扁头及尖头三种（见图 1-17）。按材料分有铁锤、木槌和橡胶锤等。锤子主要用于敲击工件，使工件变形、位移、振动，并可用于工件的校正和整形。一端平面略有弧形的是基本工作面，另一端是球面，用来敲击凹凸形状的工件，规格以锤头质量表示，以 0.5～0.75 kg 最为常用。

图 1-17　锤子

使用方法：

① 敲击时，右手握住锤柄后端留出约 10 mm 处，握力适度，眼睛注视工件。

② 挥锤方式有手腕挥、小臂挥、大臂挥三种。

注意：

① 手柄应安装牢固，用楔塞牢，防止锤头脱出伤人。

② 锤头应平整地击打在工件上，不得歪斜，防止破坏工件表面形状。

③ 拆卸零部件时，禁止直接锤击重要表面或易损部位，以防出现表面破坏或损伤。

5. 铜棒

铜棒用于敲击不允许直接锤击的工件表面，使用时不得用力太大。

使用方法：

使用时一般和锤子共用，一手握住铜棒，将其一端置于工件表面，一手用锤锤击铜棒另一端。

注意：

铜棒不可代替锤子使用。

6.锉刀

锉刀(见图 1-18)用来锉削或修整金属工件的表面和孔、槽。钳工锉为不连柄的长度,常用规格有 150 mm、200 mm、250 mm、300 mm、350 mm、400 mm;什锦锉为全长,可用于修整螺纹或去除毛刺,常用规格有 100 mm、120 mm、140 mm、160 mm、180 mm。

注意:

① 根据工作需要,选择合适的类型、规格。

② 不能用普通锉刀锉淬火表面。

③ 不能把锉刀当手锤或撬杠使用。

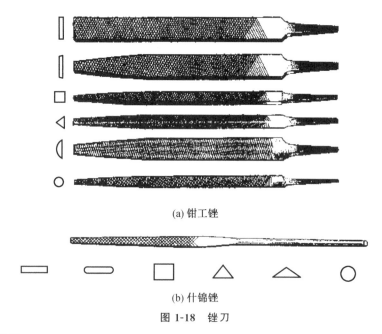

(a) 钳工锉

(b) 什锦锉

图 1-18　锉刀

7.顶拔器

常用的顶拔器有三爪顶拔器(见图 1-19)、两爪顶拔器(见图 1-20)等几种。顶拔器一般用于拆卸配合比较紧的轴承、齿轮等零件。

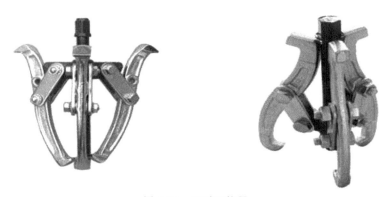

图 1-19　三爪顶拔器

图 1-20　两爪顶拔器

使用方法：

根据轴端与被拉工件的距离转动顶拔器的螺杆，至螺杆顶端顶住轴端，拉爪钩住工件（轴承或齿轮）的边缘，然后慢慢转动螺杆将工件拉出。

注意：

① 拉工件时，不能在手柄上随意加装套管，更不能用锤子敲击手柄，以免损坏顶拔器。

② 顶拔器工作时，其中心线应与被拉件轴线保持同轴，以免损坏顶拔器。如果拉件过紧，可边转动螺杆，边用木槌轴向轻轻敲击螺杆尾部，将其拉出。

8. 火花塞套筒扳手

火花塞套筒扳手（见图 1-21）是一种薄壁长套筒扳手，是用于拆除火花塞的专用工具。

图 1-21　火花塞套筒扳手

使用方法：

① 根据火花塞的装配位置和火花塞六角的尺寸选用不同高度和径向尺寸的火花塞套筒。

② 对准火花塞孔，并与火花塞六角套接可靠，用力转动套筒，使火花塞旋入或旋出。

注意：

① 拆装火花塞时，火花塞套筒不得歪斜，以免套筒滑脱。

② 扳转火花塞套筒时，不准随意加长手柄，以免损坏套筒。

9.活塞环拆装钳

活塞环拆装钳(见图 1-22)是一种专门用于拆装活塞环的工具。

图 1-22　活塞环拆装钳

使用方法：

使用活塞环拆装钳时,将拆装钳上的环卡卡住活塞环开口,握住手把均匀地用力,使拆装钳手把慢慢地收缩,环卡将活塞环徐徐地张开,使活塞环能从活塞环槽中取出或装入。

注意：

① 操作时应垂直上下移动活塞环,不得扳转,以免滑脱或损坏活塞环。

② 操作时用力要适度,以免折断活塞环。

10.滤清器扳手

滤清器扳手(见图 1-23)是拆装滤清器的专用工具,有直径可调式和固定式两种。在拆装机油滤清器、柴油滤清器时都可使用。

图 1-23　滤清器扳手

使用方法：

① 选择尺寸合适的滤清器扳手(可调式滤清器扳手使用前应根据滤清器的直径调节好尺寸)。

② 将扳手套入滤清器,转动滤清器将滤清器旋紧或旋松。

注意：

① 使用时尽量将扳手套在滤清器根部,以免损坏滤清器。

② 安装前应在滤清器螺纹口处涂上润滑油。

③ 安装时不可用力过大,以免损坏滤清器。

11.气门弹簧钳

气门弹簧钳(见图 1-24)是一种专门用于拆装顶置气门弹簧的工具。

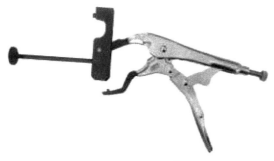

图 1-24　气门弹簧钳

使用方法：

使用时,将拆装架托架抵住气门,压环对正气门弹簧座,然后压下手柄,使得气门弹簧被压缩,这时可取下气门弹簧销或锁片,慢慢地松抬手柄,即可取出气门弹簧座、气门弹簧和气门等。

注意：

① 气门弹簧钳与弹簧座接触要可靠,以防滑出。

② 气门弹簧钳的活动部分应保持良好的润滑。

12.滑脂枪

滑脂枪又称黄油枪(见图 1-25),是一种专门用来加注润滑脂的工具。

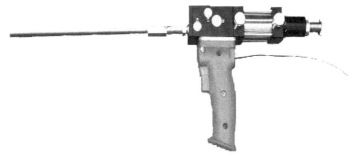

图 1-25　滑脂枪

使用方法：

① 填装润滑脂:拉出拉杆使柱塞后移,拧下滑脂枪缸筒前盖。把干净的润滑脂分成团状,徐徐装入缸筒内,且使润滑脂团之间尽量相互贴紧,便于缸筒内的空气排出。装回前盖,推回拉杆,柱塞在弹簧作用下前移,使润滑脂处于压缩状态。

② 注油方法:把滑脂枪接头对正被润滑的润滑脂嘴,直进直出,不能偏斜,以免影响润滑脂加注,减少润滑脂的浪费。加注时,如注不进油,应立即停止,并查明堵塞的原因,排除后再进行注油。

③ 加注润滑脂时,不进油的主要原因如下：

a.滑脂枪缸筒内无润滑脂或压力缸筒内的润滑脂间有空气。

b.滑脂枪压油阀注油接头堵塞。

c. 滑脂枪弹簧疲劳过软而造成弹力不足或弹簧折断而失效。

d. 柱塞磨损过甚而导致漏油。

e. 润滑脂嘴被污泥堵塞而不能注入润滑脂。

1.2.2 常用举升机设备及使用方法

1. 千斤顶

千斤顶按照其工作原理分为机械式和液压式两大类。按照所能顶起的重量分 3 000 kg、5 000 kg、10 000 kg 等几种规格,目前普遍使用液压式千斤顶。以下介绍几种常用千斤顶的使用方法。

(1) 立式千斤顶。其结构如图 1-26 所示。

图 1-26　立式千斤顶

使用方法:

① 使用时先把千斤顶手柄的开槽端套入回油阀杆,并将回油阀杆按顺时针方向旋紧,再将手柄插入手柄套孔,用手上下掀动手柄,活塞杆即平稳上升顶起重物。

② 要使活塞下降,只需用手柄开槽端将回油阀按逆时针方向微微旋松,活塞杆即渐渐下降。如有载荷,回油阀杆旋转不能太快,否则下降速度过大将产生危险。

注意:

① 千斤顶起重前必须估计重物的重量,切忌超载使用。

② 使用时需要确定重心,选择千斤顶的着力点,放置平稳,同时还必须考虑地面的软硬度,必要时应垫以坚硬的木板,以防起重时产生歪斜甚至倾倒。

③ 千斤顶仅供顶升之用,重物顶起以后应立即采用坚韧的物体支撑,以防万一千斤顶失灵而造成危险,使用时应避免急剧的振动。

(2) 卧式千斤顶。结构如图 1-27 所示。

使用方法:

① 使用时先将手柄的末端插入手柄套筒中,顺时针旋转手柄套筒到回油阀开闭,再用手上下掀动手柄,托盘即平稳地上升顶起重物。

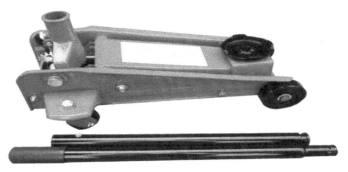

图 1-27　卧式千斤顶

② 要使托盘下降,只需用手柄按逆时针方向慢慢转动手柄套筒,下降速度取决于回油开关开启的程度,不要使下降速度过大,以免产生危险。

注意:使用注意事项同立式千斤顶。

2.举升机

举升机用于举升汽车。其种类较多,但基本原理是采用液压举升原理,以下以平台式举升机为例,介绍其机构及使用方法,如图 1-28 所示。

图 1-28　平台式举升机

使用方法:

① 车辆入位前检查举升机工作是否平顺、各保险锁止装置是否起作用、各管路是否泄漏、声音是否正常。

② 车辆按规定方向驶入举升机平台中央,熄火、拉紧驻车制动器操作杆,根据需要放好橡胶垫。

③ 按下操纵台上的上升按钮,将车辆举起至车轮刚离开地面时停止,检查车辆是否水平、支点是否合适以及车辆是否稳定。

④ 举升车辆至所需位置,进行车辆维修作业(有的举升机此时需要操纵手动安全锁止装置,有的举升机自动锁止)。

⑤ 下降前确保举升机下和四周无异物。

⑥ 先按下上升按钮使举升机上升一小段距离,使锁止卡脱离排齿,再按下下降按钮降下举升机。

15

1.2.3 常用量具及使用方法

1.简单量具

（1）钢直尺。钢直尺用薄钢板制成，是一种简单的测量长度的直接读数量具，常用它粗测工件长度、宽度和厚度，常见钢直尺的规格有 150 mm、300 mm、500 mm、1 000 mm 等。

注意：测量时眼睛要正对钢直尺的刻度线，以免产生视读误差。

（2）卡钳。卡钳是一种间接读数量具，其必须与钢直尺或其他刻线量具配合使用，常见的有内卡钳、外卡钳（见图 1-29）两种，内卡钳用来测量内径、凹槽等，外卡钳用来测量外径和平行面等。

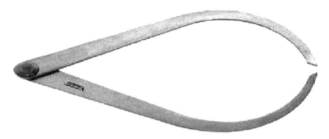

图 1-29 外卡钳

2.游标卡尺

游标卡尺用来较准确地测量物体的长度、厚度、深度或孔距等。其种类和结构较多，规格常用测量范围和测量精度表示，常用测量范围有 0～125 mm 和 0～150 mm 两种，常用测量精度有 0.1 mm、0.02 mm 和 0.05 mm 几种。

（1）游标卡尺的结构。游标卡尺主要由尺身和游标等组成（见图 1-30），尺身刻线间距为 1 mm。游标上有 n 个分度格，如 $n=10$，表明该游标卡尺精度是 0.1 mm；如 $n=20$、50，表明该游标卡尺精度分别是 0.05 mm、0.02 mm。

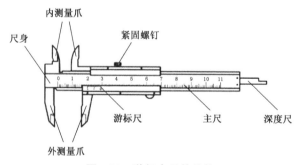

图 1-30 游标卡尺的结构

（2）游标卡尺读数方法。如图 1-31 所示，先读出游标的零刻度所对应尺身左边的毫米整数为 23 mm，再根据游标尺与尺身对齐的刻线读出毫米以下的小数部分为 7 乘以游标卡尺测量精度 0.1 得 0.7 mm，再加上前面的 23 mm 就是被测物体的测量值 23.7 mm。

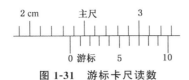

图 1-31　游标卡尺读数

注意:游标卡尺测量前应用软布将测量爪擦干净,使其并拢,查看游标和尺身上的零刻线是否对齐。如果对齐就可以进行测量,如没有对齐,则要记取零误差,在实测中加以修正。

3.千分尺

千分尺又称螺旋测微器,其测量精度比游标卡尺高,可达 0.01 mm。

千分尺按其用途分为外径千分尺、内径千分尺、杠杆千分尺、深度千分尺、壁厚千分尺、公法线千分尺等。

(1)千分尺的结构。以外径千分尺为例,如图 1-32 所示,它主要由尺架、测微螺杆、固定套管、微分筒、测力装置和锁紧装置等组成,在千分尺的固定套管的轴向刻有一条基线,基线上、下方都刻有间距为 1 mm 的刻线,上、下刻线错开 0.50 mm。微分筒的圆锥面上刻有 50 等分格,由于测微螺杆和固定套管的螺距都是 0.50 mm,所以当微分筒转动一圈时,测微螺杆就移动 0.50 mm,同时微分筒就遮住或露出固定套管上的一条刻线;当微分筒转动一格时,测微螺杆就移动 0.5/50 mm＝0.01 mm,即千分尺的测量精度为 0.01 mm。

图 1-32　千分尺结构

千分尺规格按测量范围分,常用的有 0～25 mm、25～50 mm、50～75 mm、75～100 mm、100～125 mm、125～150 mm 六种。

(2)千分尺读数方法。读数时,先从固定套管上读出毫米数与半毫米数,再看基线对准微分筒上哪格及其数值,即多少个 0.01 mm,再把两次读数相加就是测量的完整数值。如图 1-33 所示固定套管上露出来的读数为 11 mm＋20.3×0.01 mm＝11.203 mm。

注意:

① 千分尺测量前应用软布将测量端面擦干净。

② 校准零刻线是否对齐(测量下限不为零的千分尺附有用于调整零位的标准棒)。如果对齐就可以进行测量;如果没有对齐,可以用千分尺附带的调零专用小扳手调整。

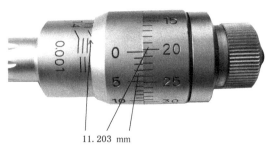

图 1-33　千分尺读数方法

4.塞尺

塞尺(见图 1-34)主要用来测量两平面之间的间隙,塞尺上标有厚度的尺寸值,塞尺的规格以长度和每组片数来表示,长度常见的有 100 mm、150 mm、200 mm、300 mm 四种,每组片数有 11～17 片等多种。使用时根据两平面之间的间隙要求数值,选择相应的塞尺厚度,塞入两平面之间,用手轻轻来回拉动,感觉略有阻力即可。

图 1-34　塞尺

5.百分表

百分表常用来测量机器零件的各种几何形状偏差和表面相互位置偏差,也可以测量部件的长度尺寸。常见百分表的测量范围有 0～3 mm、0～5 mm、0～10 mm 等。

(1)百分表的结构。百分表主要由表盘、指针、量杆和测量头组成(见图 1-35),刻度盘圆周刻成 100 等分,分度值为 0.01 mm,当大指针转动一周时,测量杆的位移为 1 mm。表盘和表圈是一体的,可任意转动,以便使指针对零位,小指针用以指示大指针的回转圈数。

(2)百分表的使用。使用前,要检查百分表是否正常,用手轻轻推动和放松测量杆时,测量杆在轴套内的移动应平稳、灵活、无卡滞或跳动现象;主指针与表盘应无摩擦现象。

使用时必须将其可靠固定在表座(万能表座、磁性表座)或其他支架上,如果是采用夹持轴套的方法来固定百分表,夹紧力要适当,以免造成测量杆卡住或移动不灵活现象。

使测量头与被测表面接触时,测量杆应预先有 0.3～1 mm 的压缩量,再把百分表紧固住。然后用两手捏住测量杆上端的挡帽 1～2 mm,再轻轻放反复提拉 2～3 次,观察主指针是否回到原位。为了读数方便,测量前一般都把百分表的大指针指到表盘的零位。

图 1-35　百分表的结构

测量时,眼睛的视线要垂直于表盘,正对大指针来读数,大指针每转过一格为 0.01 mm。要在主指针停止摆动后再开始读数。

注意:

① 不应使用百分表测量毛坯或有明显凸凹表面的工件,否则容易损坏百分表。

② 测量时,测量杆的行程不要超出它的测量范围,以免损坏表内零件。

③ 百分表测量头和待测物体表面应保持干净。

④ 测量圆柱工件时,测量杆的轴线应与工件的直径方向一致并垂直于工件轴线。

6.数字万用表使用

万用表被广泛用来测量电压、电流、电容、电感和晶体管等基本参数。根据万用表显示方式不同分指针式和数字式,目前广泛使用的是数字式万用表。不同数字万用表,其功能和结构有所不同,如图 1-36 所示。

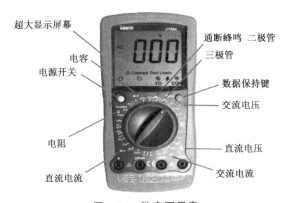

图 1-36　数字万用表

(1)测量准备。使用前应认真阅读使用说明书,熟悉电源开关、量程开关、插孔、特殊插口的作用和使用的注意事项,在测量各种参数之前,先将电源开关打开。

(2)直流电压的测量。将黑表笔插入 COM 孔,红表笔插入 V/Ω 孔,量程开关拨至 V 的合适量程,将表笔与被测电路并联,读数即显示,红表笔所连接的极性也同时显示。

注意:

① 不要输入高于 1 000 V 的电压,以免损坏仪表。

② 测量时如果不知道测量电压范围,应将量程置于最高挡,再逐渐调低。

(3) 交流电压的测量。将黑表笔插入 COM 孔,红表笔插入 V/Ω 孔,量程开关拨至 V 的合适量程,将表笔与被测线路并联,读数即显示。

注意:

① 不要输入高于 700 V 的电压,以免损坏仪表。

② 测量时,如果不知道测量电压范围,应将量程置于最高挡,再逐渐调低。

(4) 直流电流的测量。将黑表笔插入 COM 孔,当被测电流小于 200 mA 时,红表笔插入 mA 孔;当被测电流在 200 mA～10 A 间时,红表笔插入 10 A 孔。

将量程开关置于直流 A 量程范围测试笔插入被测线路中,读数即显示,红表笔所接的极性也同时显示。

注意:

① 不要接入高于测量值的电流,以免损坏仪表。

② 测量时,如果不知道测量电流的范围,应将量程置于最高挡,再逐渐调低。

③ 10 A 插孔无熔丝,测量时间应小于 10 s,以免线路发热,影响准确度。

(5) 交流电流的测量。测量步骤及注意事项与直流电流的测量相似,测量时注意把量程开关置于交流 A 量程范围。

(6) 电阻的测量。将量程开关拨至 Ω 的合适量程,黑表笔插入 COM 孔,红表笔插入 V/Ω 孔,将测试笔跨接在待测的电阻上,读数即显示。

注意:

① 在线测量时,务必请确认被测电路已经关断电源,同时电容已经放电完毕,方可以测量电阻。

② 如果被测电阻值超出所选择量程的最大值,万能表将显示"1",这时应选择更高挡的量程。

③ 测量高电阻时,尽可能将电阻插入 COM 孔和 V/Ω 孔,以免干扰。当电阻值大 1 MΩ 时,仪表需要数秒后才能稳定读数,属于正常现象。

(7) 电容的测量。将量程开关拨至 F 挡的合适量程,将被测电容插入插口,并注意极性的连接。

注意:

① 不要将一个外部已充电的电容插入测量。

② 测量大电容时,仪表需要数秒后才能稳定读数。

(8) 二极管的测量。将黑表笔插入 COM 孔,红表笔插入 V/Ω 孔(红表笔为＋),将测量开关置于蜂鸣位置,将测试笔跨接在被测二极管两端。

注意:

① 当输入端开路(或二极管断路)时,仪表显示为过量程状态。

② 仪表显示值为正向电压降伏特值,当二极管反接时,显示过量程状态。

（9）背光源的使用。在光线较暗时，可按下背光源按钮 LIGHT。背光源耗电大，不宜长时间使用。

（10）数据保持开关的使用。在测量时要保持数据，可以按下数据保持开关 HOLD 按钮。

1.3 实训安全注意事项

在拆装实训过程中，需要注意以下事项：

（1）学生进入实验室必须严格遵守实验室的各项规章制度。

（2）进入实验室必须衣着整齐，保持安静，严禁谈笑、追逐等。

（3）注意用电、用油安全，工作场地不得吸烟。

（4）机器的拆卸与装配应在专用、清洁的场地进行。

（5）发动机装配前所用的零部件都应清洗干净，特别是气缸体润滑油路清洗后，需用压缩空气吹干，并且所有零件都经过检验，质量合格。

（6）按规定备齐全部衬垫、螺栓、螺母、垫圈、开口销以及各种辅助用料；各种专用工具、量具调试良好，待用。

（7）不可互换零件，如：活塞连杆组、曲轴轴承等，应对号装配；有装配位置要求的配件，如：活塞、连杆等，必须对准标记装配。

（8）对重要螺栓、螺母的紧固，如：连杆螺栓、曲轴轴承盖螺栓、缸盖螺栓及油底壳紧固螺栓，都应分 2～3 次按顺序拧紧到规定力矩。

（9）有配合间隙要求的零件，如：缸壁间隙、曲轴轴瓦间隙、气门杆间隙、曲轴轴向间隙等，必须按标准装配，以保证修理质量。

（10）有相对运动的零件，装配时应在零件工作表面涂以清洁润滑油，以保证零件初始运动的润滑，如：活塞、活塞环、曲轴轴承、工作台、齿轮等。

（11）拆卸发动机前，应断开或松开所有电路、油路、气路。

（12）润滑油放净，并收集在专用容器内，若是在热态情况下，避免烫伤。

（13）将发动机放置在水平的平台上进行拆卸与装配。

（14）将工具及盛装小零件的容器放置在平台上，较大零件放置在平台下方较宽阔的位置。

（15）注意观察各机器部件间的互相关系、安装位置及拆装顺序。

（16）使用举升机和千斤顶时，应确保发动机固定牢靠和支撑牢靠，确保人员和设备的安全。

（17）实验完毕，主动整理好仪器、设备、工具，关闭水路、电源。

（18）凡因违反操作规程或擅用仪器设备而导致损坏者，必须写出书面检查，视情节严重按照有关规定处理。

1.4 拆装实训考核方法

拆装实训考核与评分标准按照表 1-1 所示进行，总分为 100 分，根据实训的项目进行合计计算。

表 1-1　拆装实训考核与评分标准

项目	考核内容	评分标准
实训操作 （30 分）	各组成部分的认识、结构设计原理的理解	认识及理解是否存在错误
	零部件的拆卸与安装	拆卸及安装的正确与否
	操作规范、有序、不超时	操作欠规范或超时
	整理工具、整洁现场	是否按照规定进行整理
	出勤情况	是否及时出勤
实验报告 （70 分）	实验报告书写情况，包括思考题及制图等	根据实验报告书写情况评判成绩

发动机篇

第 2 章　发动机整体认识

2.1　本章提示

知识目标

1.了解发动机的基础知识。

2.了解四冲程发动机的工作原理、总体构造及主要性能指标。

3.熟悉拆装实训的注意事项。

能力目标

1.具有初步了解发动机的类型、型号编制规则等基础知识的能力。

2.具有一定的安全操作意识和规范,并正确使用工具进行合理拆装。

2.2　发动机基础知识

2.2.1　发动机定义

发动机是将某一形式的能量转化为机械能的机器,它是动力的来源,包括如内燃机(汽油发动机等)、外燃机(斯特林发动机、蒸汽机等)、电动机等。内燃机的作用是将燃料与空气进行混合并在其机体内燃烧,推动活塞往复运动再带动曲轴旋转,从而将热能转变为机械能向汽车等提供动力。

汽油发动机是以汽油作为燃料的发动机,由于汽油黏性小、蒸发快,可以用汽油喷射系统将汽油喷入气缸,经过压缩达到一定的温度和压力后,用火花塞点燃,使气体膨胀做功。汽油机的特点是转速高、结构简单、质量轻、造价低廉、运转平稳。

本章仅介绍燃料用汽油的单缸四冲程发动机(简称汽油机),如图 2-1 所示。四冲程汽车发动机主要由气缸、活塞、活塞连杆、曲轴、配气机构(气门、凸轮轴等)、火花塞(汽油机)、缸内喷油嘴(柴油机以及带有缸内直喷技术的汽油机)、机油泵及机油循环、水泵及水循环,另有一系列传感器以及其他部件组成。

2.2.2　发动机类型

发动机可按照不同特征加以分类。按照所用燃料可分为汽油机(汽油与空气混合,形成可燃混合气)和柴油机(雾化柴油与空气混合,形成可燃混合气);按照点火方式可分为点燃式(汽油机,用火花塞点火燃烧)和压燃式(柴油机,可燃混合气在高温、高压下自燃);按照行程数可分为二冲程(活塞在气缸内往复两个冲程完成一个工作循环)和四冲程(活塞在气缸内往复四个冲程完成一个工作循环);按照冷却方式可分为水冷式发动机(冷却介质为水或水与乙二醇的混合液)和风冷式发动机(冷却翼片散热)。发动机的类型具体如表 2-1 所示。

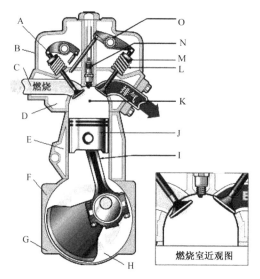

A—进气门；B—气缸盖罩；C—进气道；D—气缸盖；E—气缸体；F—曲轴箱；G—油底壳；

H—机油；I—连杆；J—活塞；K—燃烧室；L—气门和弹簧；M—排气门；N—火花塞；O—摇臂

图 2-1 单缸四冲程汽油机

表 2-1 内燃机的类型

分类方法	类型	备注	
所用燃料	汽油机	—	
	柴油机	—	
	气体燃料发动机	天然气（CNG）、液化石油气（LPG）、其他气体	
活塞运动方式	往复活塞式	—	
	旋转活塞式	三角转子发动机	
冷却方式	风冷	—	
	水冷	—	
气缸数	单缸	—	
	多缸	2 缸、3 缸、4 缸、5 缸、6 缸、8 缸、10 缸、12 缸、16 缸	
气缸排列形式	单列（各个气缸垂直排列，但为了降低高度，也可以把气缸布置成倾斜或者水平	L 型	1 缸、2 缸、3 缸、4 缸、5 缸、6 缸
	双列（气缸排成两列）	V 型（两列夹角＜180°）	
		水平对置（两列夹角＝180°）	4 缸、6 缸

分类方法	类型	备注	
工作循环	四冲程	活塞运动四次,完成一个工作行程(进气、压缩、做功、排气),对外做功一次	
	两冲程	活塞运动两次,完成一个工作行程,对外做功一次	
通气状态	增压	废气涡轮增压	1.4T
		机械增压	1.4TSI
	非增压	1.4	
安装位置	货车	发动机在驾驶室之前	
		驾驶室部分在发动机之上	
		整个发动机在驾驶室之上	
	客车	车身内部前方	
		车身内部后方	
		车身中部底板下面	
	轿车	前置	发动机横置就是指发动机与汽车前桥平行,而纵置就是与前桥垂直
		中置	
		后置	

2.2.3 发动机型号编制规则

根据 GB/T 1883.1 的规定,内燃机名称按所使用的主要燃料命名,例如汽油机、柴油机、煤气机等。

如图 2-2 所示,内燃机型号由首部、中部、后部、尾部四个部分组成。

首部表示产品特征代号,由制造厂根据需要自选相应字母表示,但需主管部门核准。

中部由缸数符号、冲程符号、气缸排列形式符号和缸径符号等组成。

后部是结构特征和用途特征符号,以字母表示。

尾部是区分符号,同一系列产品因改进等原因需要区分时,由制造厂选用适当符号表示。

型号编制示例如下:

(1)汽油机

1E65F:表示单缸,二冲程,缸径 65 mm,风冷通用型。

41000:表示四缸,四冲程,缸径 100 mm,水冷车用。

4100Q-4:表示四缸,四冲程,缸径 100 mm,水冷车用,第四种变型产品。

CA6102:表示六缸,四冲程,缸径 102 mm,水冷通用型,CA 代表一汽。

8V100:表示八缸,四冲程,缸径 100 mm,V 型,水冷通用型。

TJ376Q:表示三缸,四冲程,缸径 76 mm,水冷车用,TJ 代表天津夏利。

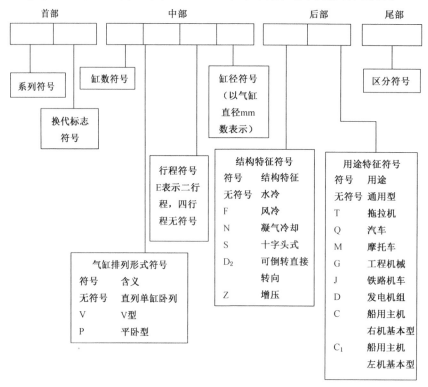

图 2-2 内燃机型号编制示意图

（2）柴油机

195:表示单缸,四行程,缸径 95 mm,水冷通用型。

165F:表示单缸,四行程,缸径 65 mm,风冷通用型。

495Q:表示四缸,四行程,缸径 95 m,风冷通用型,水冷车用。

6135Q:表示六缸,四行程,缸径 135 mm,水冷车用。

X4105:表示四缸,四行程,缸径 105 mm,水冷通用型,X 表示系列代号。

2.2.4 基础术语

（1）工作循环:包括进气、压缩、做功和排气过程的周而复始的循环,即发动机完成进气、压缩、做功和排气四个过程叫作一个工作循环。

（2）上止点:如图 2-3 所示,活塞顶面离曲轴中心线最远时的止点,通常指活塞的最高位置。

（3）下止点:如图 2-3 所示,活塞顶面离曲轴中心线最近时的止点,通常指活塞的最低位置。

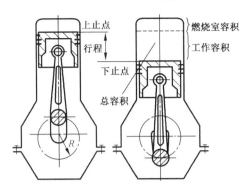

图 2-3　发动机的基础术语

（4）行程（S）：活塞运行的上、下两个止点之间的距离。

（5）曲柄半径（R）：从曲轴主轴颈中心线到连杆轴颈中心线的垂直距离。

（6）气缸工作容积（V_h）：一个气缸中活塞运动一个行程所扫过的容积，即活塞面积与行程的乘积。

$$V_h = \frac{\pi D^2 S}{4} \times 10^6 \qquad (2\text{-}1)$$

式中：D 为气缸直径，mm；S 为活塞行程，mm。

（7）发动机排量（V_L）：一台发动机全部工作容积的总和。

$$V_L = V_h \times I \qquad (2\text{-}2)$$

式中：I 为气缸数。

（8）燃烧室容积（V_e）：活塞在上止点时的气缸和气缸盖所包围的容积。活塞顶上面空间叫作燃烧室，其容积叫作燃烧室容积，它是气缸的最小容积。

（9）气缸总容积（V_a）：活塞在下止点时气缸和燃烧室的容积，它是气缸工作容积和燃烧室容积之和。

$$V_a = V_h + V_e \qquad (2\text{-}3)$$

（10）压缩比（ε）：气缸总容积和燃烧室容积的比值。

$$\varepsilon = \frac{V_a}{V_e} = 1 + \frac{V_h}{V_e} \qquad (2\text{-}4)$$

压缩比表示活塞由下止点移动到上止点时，气缸内气体被压缩的程度。压缩比愈大，则压缩终了时气缸内的压力和温度就愈高。目前，一般汽车用汽油机的压缩比为 6～10，也有高达 10 以上的，柴油机的压缩比为 15～22。

2.2.5　四冲程发动机工作过程

四冲程发动机的工作过程包括进气冲程、压缩冲程、做功冲程和排气冲程，在四个冲程中曲轴转角、活塞运动、缸内气压及温度、工作原理如表 2-2 及图 2-4 所示。

表 2-2　四冲程发动机的工作过程

工作循环	曲轴转角/(°)	活塞运动方向	进气状态 进气门	进气状态 排气门	气缸内压力/kPa	气缸内温度/℃	工作过程说明
进气冲程，见图 2-4a	0～180	下	打开	关闭	75～150	97～167	由于活塞下移，气缸内容积逐渐增大，形成一定的真空度。于是，经燃料供给系形成的可燃混合气，通过进气门被吸入气缸
压缩冲程，见图 2-4b	180～360	上	关闭	关闭	600～1500	327～527	在压缩行程中，气缸内容积逐渐减小，气体压力和温度同时升高，并进一步均匀混合，当压缩接近终了时，火花塞点燃混合气，形成火焰中心
做功冲程，见图 2-4c	360～540	下	关闭	关闭	瞬时：3～5 MPa 终了：300～500	瞬时：1927～2527 终了：1227～1427	混合气迅速燃烧，使气体压力和温度迅速升高并膨胀，从而推动活塞由上止点向下止点运动，再通过连杆驱动曲轴转动做功
排气冲程，见图 2-4d	540～720	上	关闭	打开	105～125	627～927	废气在自身剩余压力和活塞推动下排出气缸

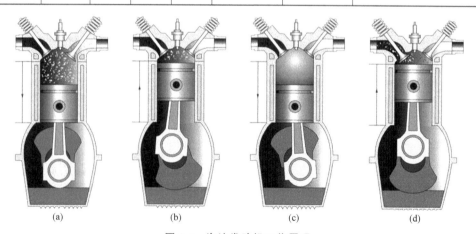

(a)　　(b)　　(c)　　(d)

图 2-4　汽油发动机工作原理

由表 2-2 可知，四冲程发动机在一个工作循环的四个活塞行程中，只有一个行程是做功的，其余三个行程则是做功的辅助行程。显然，在做功行程中，曲轴的转速比其他三个行程转速要高，所以它的转速就不均匀，因而发动机运转就不平稳，振动大。

这可采用多缸发动机和转动惯量较大的飞轮予以改善。在多缸四冲程发动机的每一个气缸内,所有的工作过程是相同的,并按上述次序进行;但各个气缸的做功行程并不同时发生,气缸数越多,发动机的工作就越平稳。但当发动机缸数增加时,一般将使结构复杂,尺寸及质量增加。

想一想:

1. 四缸机和六缸机,哪个发动机的飞轮质量更小?

2. 飞轮质量对发动机的动力会有何影响?

3. 多缸发动机是各缸同时做功吗?

4. 四冲程柴油机和汽油机有什么区别(见表2-3)?

表 2-3　四冲程柴油机和汽油机的异同

项目		汽油机	柴油机
不同点	燃料及特点		
	混合气形成方式		
	压缩比		
	点燃方式		
	热效率		
	燃油经济性		
	排放污染物		
	适合车型		
优缺点			
相同点			

2.2.6　发动机总体构造

通常,汽油发动机由两大机构和五大系统构成,如表2-4所示。

表 2-4　汽油发动机两大机构和五大系统

构造	组成及功用	构造图
曲柄连杆机构	曲柄连杆机构是发动机实现工作循环,完成能量转换的主要运动零件。它由机体组、活塞连杆组和曲轴飞轮组等组成。在做功行程中,活塞承受燃气压力在气缸内做直线运动,通过连杆转换为曲轴的旋转运动,并向外输出动力。而在进气、压缩和排气行程中,飞轮释放的能量又把曲轴的旋转运动转换成活塞的直线运动	(构造图)

构造	组成及功用	构造图
配气机构	配气机构的功能是根据发动机的工作顺序和工作过程,定时开启和关闭进气门和排气门,使可燃混合气进入气缸,并使废气从气缸内排出,实现换气过程。配气机构大多采用顶置气门式配气机构,由气门组和气门传动组组成	
燃料供给系	燃油供给系的功能是根据发动机的要求,配置出一定数量和浓度的可燃混合气,均匀地分配到各个气缸中,并汇集各个气缸燃烧后的废气,从排气消声器排出。柴油机燃油供给系统的功能是把柴油和空气分别均匀地分配到各个气缸中,在燃烧室内形成混合气并燃烧,然后汇集各个气缸燃烧后的废气,从排气消声器排出	
点火系	点火系的功用是将汽车电源供给的低压电转变为高压电,并按发动机的做功顺序和点火时间要求,配送至各缸的火花塞,在其间隙处产生火花,点燃可燃混合气。点火系由电源、点火开关、点火线圈、分电器及火花塞等组成	
润滑系	润滑系的功能是向做相对运动的零件表面输送定量的清洁润滑油,以实现液体摩擦,减小摩擦阻力,减轻机件的磨损,并对零件表面进行清洗和冷却。润滑系由润滑油道、机油泵、机油滤清器和一些阀门等组成	

构造	组成及功用	构造图
冷却系	冷却系的功能是将受热零件吸收的部分热量及时散发出去,保证发动机在适宜的温度状态下工作。水冷发动机的冷却系通常由冷却水套、水泵、风扇、水箱、节温器等组成	
起动系	起动系的功能是使静止的发动机起动并转入自行运转。主要由起动机及其附属装置组成	起动机 驱动齿轮 飞轮齿圈

2.2.7 发动机主要性能指标与特性

发动机的主要性能指标有动力性(有效转矩、有效功率、转速等)、燃油经济性(燃油消耗率)等。

1. 动力性指标

(1) 有效转矩

发动机通过飞轮输出的转矩称为有效转矩,以 T_e 表示,单位为 N·m。

(2) 有效功率

发动机飞轮输出的功率称为有效功率,用 P_e 表示,单位为 kW,它等于有效转矩与曲轴转速的乘积。发动机的有效功率可用台架试验测定,在测功器上测定有效转矩和曲轴转速,然后利用下面的公式算出发动机的有效功率:

$$P_e = T_e \frac{2\pi n}{60} \times 10^{-3} \tag{2-5}$$

式中:n 为曲轴转速,r/min。

发动机铭牌上标明的功率及相应的转速称为标定功率和标定转速。按内燃机台架试验国家标准规定,发动机的标定功率分为 15 min 功率、1 h 功率、12 h 功率和持续功率。汽车发动机经常在部分负荷下工作,仅在克服上坡阻力和加速等情况下才短时间地使用最大功率,为了保证发动机有较小的结构尺寸和质量,汽车发动机经常用 15 min 功率作为标定功率。

2. 燃油经济性指标

发动机在 1 h 内每发出 1 kW 有效功率所消耗的燃油质量,称为燃油消耗率,用 b_e 表

33

示。很明显,燃油消耗率越低,发动机燃油经济性越好。

燃油消耗率表达式为

$$b_e = \frac{B}{P_e} \times 10^3 \tag{2-6}$$

式中:B 为发动机在单位时间内的耗油量,kg/h,可由试验测定。

3. 发动机的外特性

发动机的外特性是指在加速踏板位置不变的情况下发动机的功率、转矩和燃油消耗率三者随发动机转速变化的规律,可以通过发动机在试验台上进行试验求得。发动机外特性代表了发动机所具有的最高动力性。外特性曲线上标出的发动机最大功率和最大转矩及其相应的转速是发动机特性的重要指标。当分析发动机的外特性是否符合使用要求时,要联系汽车使用条件,诸如最高车速、所要克服的阻力、道路条件等。

4. 发动机工况与负荷

发动机工况一般用其功率与曲轴转速来表征,有时也用负荷与曲轴转速来表征。发动机在某一转速下的负荷就是当发动机发出的功率与同一转速下所可能发出的最大功率之比,以百分数表示。

注意,负荷和功率的概念不要混淆。如某一转速时全负荷,并不意味着是发动机的最大功率。也就是说,功率大小并不代表负荷的大小。

2.2.8 发动机重要部位螺栓注意事项

发动机重要螺栓的拧紧力矩如表 2-5 所示。

表 2-5　发动机螺栓的拧紧力矩　　　　　(单位:N·m)

部位	力矩规定值	部位	螺栓规格	力矩规定值
发动机曲轴箱盖连接螺栓	5	其他一般螺栓	M6	10
发动机油勺与活塞连杆的连接螺栓	30		M8	20
气缸连接螺栓	30		M10	45
启动杯与曲轴的固定螺栓	45		M12	65

第3章　水泵的认识与拆装实训

3.1　本章提示

知识目标

本章主要了解水泵的基础知识,并对其进行正确的拆卸和安装。

能力目标

1.培养学生对水泵的基本结构及工作原理的了解。

2.通过对水泵正确的拆卸和组装,使学生深入理解水泵的设计理念。

3.2　水泵的基本结构及组成

3.2.1　水泵的基本概念

泵是输送液体或使液体增压的机械。它将原动机的机械能或其他外部能量传送给液体,使液体能量增加,主要用来输送液体包括水、油、酸碱液、乳化液、悬乳液和液态金属等。水泵性能的技术参数有流量、吸程、扬程、轴功率、水功率、效率等。根据不同的工作原理可分为容积泵、叶片泵等类型,容积泵利用其工作室容积的变化来传递能量,叶片泵利用回转叶片与水的相互作用来传递能量,有离心泵、轴流泵和混流泵等类型。

3.2.2　离心泵的工作原理及特点

3.2.2.1　离心泵的工作原理

水泵开动前,先将泵和进水管灌满水,水泵运转后,在叶轮高速旋转而产生的离心力的作用下,叶轮流道里的水被甩向四周,压入蜗壳,叶轮入口形成真空,水池的水在外界大气压力下沿吸水管被吸入补充了这个空间,继而吸入的水又被叶轮甩出经蜗壳而进入出水管。由此可见,若离心泵叶轮不断旋转,则可连续吸水、压水,水便可源源不断地从低处扬到高处或远方。综上所述,离心泵是由于在叶轮的高速旋转所产生的离心力的作用下,将水提向高处的,故称离心泵。

3.2.2.2　离心泵的一般特点

(1)离心泵的流经方向是沿叶轮的轴向吸入,垂直于轴向流出,即进出水流方向互成90°。

(2)由于离心泵靠叶轮进口形成真空吸水,因此在起动前必须向泵内和吸水管内灌注引水,或用真空泵抽气,以排出空气形成真空,而且泵壳和吸水管路必须严格密封,不得漏气,否则形不成真空,也就吸不上水来。

(3)由于叶轮进口不可能形成绝对真空,因此离心泵吸水高度不能超过 10 m,另外由于水流经吸水管路带来的沿程损失,实际允许安装高度(水泵轴线距吸入水面的高度)远小于 10 m。如安装过高,则不吸水;此外,由于山区比平原大气压力低,因此同一台水泵在山区,特别是在高山区安装时,其安装高度应降低,否则也不能吸上水来。

3.2.3 离心泵的分类

根据水流入叶轮的方式、叶轮多少、泵身能否自吸以及配套动力大小等,离心泵有单级单吸离心泵、单级双吸离心泵、多级离心泵、自吸离心泵、电动机泵和柴油机泵等。

3.2.3.1 单级单吸离心泵

离心泵型号有 BA、B 型单级单吸离心泵,20 世纪 80 年代我国根据国际标准和排灌机械实际情况,对离心泵产品进行更新换代研制工作,并生产 IB 型、IQ 型单级离心泵系列产品,已列为国家专业标准和行业标准。

单级单吸离心泵,水由轴向单面进入叶轮,叶轮只有一个,因此称为单级单吸离心泵。其特点是,与混流泵、轴流泵相比,扬程较高,流量较小,结构简单,使用方便。IQ 型单级单吸离心泵(又称轻小型离心泵)是针对国情并满足用户提出的结构简单、重量轻、价格低、性能好和配套方便的要求而设计的,共有 84 种产品,分 3 个派生系列,413 个规格型号。

(1) 性能范围。泵口径 50~200 mm,流量 12.5~400 m^3/h,扬程 8~125 m,配套动力有柴油机直联、皮带传动,电动机直联,功率 1.1~110 kW,转速 1450~2900 rad/min。

(2) 结构型式。轻小型离心泵为轴向吸入单级单吸悬架式离心泵,泵体后开门,出口位于中心向上,后盖为压嵌式,轴承体与泵体直接连接,泵脚位于泵体下方,轴承用黄油润滑,轴封分为软填料、机械密封、橡胶油封三种。叶轮均为闭式,传动分为联轴器传动和皮带传动两种。泵叶轮转向:从泵进口方向看,叶轮转向为顺时针,当泵与柴油机直联传动时,为逆时针。泵出口可装置手动泵,可去掉底阀,减少水力损失,并能使泵自吸。

3.2.3.2 单级双吸离心泵

它是从叶轮两面进水的单级双吸离心泵,因泵盖和泵体是采用水平接缝进行装配的,又称为水平中开式离心泵。与单级单吸离心泵相比,效率高、流量大、扬程较高,但体积大,比较笨重,一般用于固定作业,适用于丘陵、高原中等面积的灌区,也适用于工厂、矿山、城市给排水等方面。

单级双吸离心泵有 S 型、Sh 型、SA 型、SLA 型几种型号,S 型与 Sh 型的区别是,从驱动端看,S 型泵为顺时针方向旋转,Sh 型为逆时针方向旋转,SLA 型为立式单级双吸离心泵。

S 型泵性能范围流量 160~18 000 m^3/h,扬程 12~125 m,进水口直径 150~1400 mm,转速 2950、1450、970、730、585、485、360 r/min。

3.2.3.3 自吸离心泵

自吸泵的工作原理是在泵内存满水的情况下,叶轮旋转产生离心力,液体沿槽道流向蜗壳,所以自吸泵是靠泵自身的特殊结构而产生自吸作用的单级单吸离心泵,称为自吸离心泵。和普通离心泵相比,在泵体结构上有显著差别:一是泵进口位置提高,有时还装上吸入阀;二是在出水侧设置了一个气水分离室。

泵外自吸泵,是在泵外加有自吸装置,如带有旋涡泵、水环真空泵、射流泵以及手动泵等。自吸泵与普通离心泵相比,结构紧凑、使用操作简单,不但省去了起动前灌大量引水的麻烦,也省去了进水管低阀,减少了进水阻力,增加泵的出水量,但与同规格的普通离心泵的效率相比要低3％～5％。自吸泵较多的是应用在轻小型喷灌机组和管道灌机组上。

3.2.4 水泵使用中的常见问题

3.2.4.1 无法起动

首先,应检查电源供电情况,常见的问题有:接头连接是否牢靠;开关接触是否紧密;保险丝是否熔断;三相供电是否缺相等。如有断路、接触不良、保险丝熔断、缺相,应查明原因并及时进行修复。其次,检查是否是水泵自身的机械故障,常见的原因有:填料太紧或叶轮与泵体之间被杂物卡住而堵塞;泵轴、轴承、减漏环生锈;泵轴严重弯曲等。排除方法:放松填料,疏通引水槽;拆开泵体清除杂物、除锈;拆下泵轴校正或更换新的泵轴。

3.2.4.2 水泵发热

原因:轴承损坏;滚动轴承或托架盖间隙过小;泵轴弯曲或两轴不同心;胶带太紧;缺油或油质不好;叶轮上的平衡孔堵塞,叶轮失去平衡,增大了向一边的推力。排除方法:更换轴承;拆除后盖,在托架与轴承座之间加装垫片;调查泵轴或调整两轴的同心度;适当调松胶带紧度;加注干净的黄油,黄油占轴承内空隙的60％左右;清除平衡孔内的堵塞物。

3.2.4.3 吸不上水

原因是泵体内有空气或进水管积气,或是底阀关闭不严灌引水不满、真空泵填料严重漏气,闸阀或拍门关闭不严。排除方法:先把水压上来,再将泵体注满水,然后开机。同时检查逆止阀是否严密,管路、接头有无漏气现象,如发现漏气,拆卸后在接头处涂上润滑油或调和漆,并拧紧螺丝。检查水泵轴的油封环,如磨损严重应更换新件。管路漏水或漏气,可能安装时螺帽拧得不紧。若渗漏不严重,可在漏气或漏水的地方涂抹水泥,或涂用沥青油拌和的水泥浆,临时性的修理可涂些湿泥或软肥皂。若在接头处漏水,则可用扳手拧紧螺帽,如漏水严重则必须重新拆装,更换有裂纹的管子;降低扬程,将水泵的管口压入水下0.5 m。

3.2.4.4 剧烈震动

主要有以下几个原因:电动转子不平衡;联轴器结合不良;轴承磨损弯曲;转动部分的零件松动、破裂;管路支架不牢等,可分别采取调整、修理、加固、校直、更换等办法处理。

3.2.4.5 电动机过热

电动机过热的原因有以下四个方面:

一是电源方面的原因:电压偏高或偏低,在特定负载下,若电压变动范围在额定值的＋10％～－5％之外会造成电动机过热;电源三相电压不对称,电源三相电电压相间不平衡度超过 5%,会引起绕组过热;缺相运行,经验表明农用电动机被烧毁 85%以上是由于缺相运行造成的,应对电动机安装缺相保护装置。

二是水泵方面的原因:选用动力不配套,小马拉大车,电动机长时间过载运行,使电动机温度过高;起动过于频繁、定额为短时或断续工作制的电动机连续工作。应限制起动次数,正确选用热保护,按电动机上标定的定额使用。

三是电动机身的原因:接线方法错误,使电动机的温度迅速升高;定子绕组有相间短路、匝间短路或局部接地,轻时电动机局部过热,严重时绝缘烧坏;鼠笼转子断条或存在缺陷,电动机运行 1~2 h,铁芯温度迅速上升;通风系统发生故障,应检查风扇是否损坏,旋转方向是否正确,通风孔道是否堵塞;轴承磨损、转子偏心使定子转子铁心相擦发出金属撞击声,铁芯温度迅速上升,严重时电动机冒烟,甚至线圈烧毁。

四是工作环境方面的原因:电动机绕组受潮或灰尘、油污等附着在绕组上,导致绝缘能力降低。应测量电动机的绝缘电阻并进行清扫、干燥处理;环境温度过高,当环境温度超过 35 ℃时,进风温度高,会使电动机的温度过高,应设法改善其工作环境,如搭棚遮阳等。

注意:因电路方面的原因发生故障,应请获得专业资格证书的电工维修,防止人身伤害事故的发生。

3.2.5 水泵基本结构

本实训课程水泵部分的基本组成有进水口、进水口密封垫片、出水口、出水口密封垫片、叶轮、蜗轮、机械密封机构等,如图 3-1 所示。

(a)　　　　　　　　　　　(b)

图 3-1　水泵部分结构图与零部件图

3.3　水泵的拆卸与安装实训

3.3.1　实训目的和要求

(1)通过对实物的拆装,使学生进一步熟悉和巩固发动机的整体结构、原理,水泵的构造等知识。

(2)熟悉水泵的整体拆装步骤及主要零部件的检修方法。

（3）通过对水泵部分的拆装，理解各部件的工作原理。

3.3.2 实训设备、材料和工具

（1）汽油机直联水泵。

（2）常用与专用拆装工具。

（3）发动机各式量具。

3.3.3 实训内容及步骤

3.3.3.1 实训内容

（1）拆卸前观察发动机各部分结构组成。

（2）拆卸中熟悉各部件名称及工作原理。

（3）掌握各部件的装配关系。

3.3.3.2 实训步骤

1. 水泵的拆卸

汽油机直联水泵结构如图 3-2 所示，图上标注主要零部件名称。拆卸发动机前，先将发动机与水泵机组分离，总体原则是先拆外围、相对独立的即对其他部件干涉较少的部件。

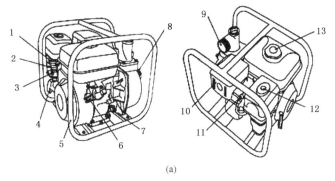

(a)

1—节气门控制杆；2—阻风门控制杆；3—燃油阀；4—起动拉手；5—机架；6—发动机开关；

7—机油尺；8—进水管口；9—出水管口；10—消声器；11—火花塞；12—空气滤清器；13—燃油箱盖

(b)   (c)

图 3-2 汽油直联水泵结构图

水泵部分的拆卸方法如下：

（1）拆下进水接口与进水口橡胶垫片。

（2）拆下出水接口与出水口橡胶垫片，如图 3-3 所示。

图 3-3　进水口及出水口零部件实物图

注意：进水口垫片和出水口垫片拆下后需放置在无油污的位置，避免长期沾油而发生溶胀现象。

（3）拆下水泵外壳，取出涡轮和垫片。

注意：在取下水泵外壳时需小心防止涡轮掉出。

（4）拆下叶轮，取出压力弹簧及密封垫圈。

注意：若泵轮安装得稍松，可以利用铜锤的敲击，通过惯性拆下泵轮；若泵轮安装得较紧，则需要同时在曲轴另一端给予阻力将泵轮逆时针拆下。

（5）拆下水泵内端盖，如图 3-4 所示。

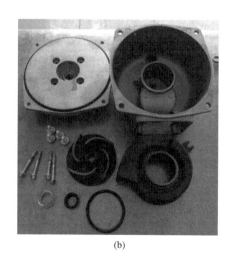

(a)　　　　　　　　　　　　　　　　　　　(b)

图 3-4　水泵部分各零部件实物图

（6）将电路开关与油路开关切断后，首先将机体与机架分离，机体与机架采用四个螺栓螺母进行固定，拆卸时采用对角分别拧松、拆下的原则，将机组稍稍倾斜，使用工具固定螺栓,在机架底部拧松螺母。

注意:机组倾斜时注意倾斜角度,以免误将汽油箱中的汽油洒出。

(7) 机架与机组分离后,将机架放置在台面下方或者较宽阔的位置,螺栓螺母放置在托盘内,如图 3-5 所示。

(a)　　　　　　　　　　　　　　　　　(b)

图 3-5　机架及发动机主体部分实物图

在拆卸水泵各部件过程中,仔细观察部件之间的装配关系,并思考以下问题:

(1) 水泵的外泵盖与内泵盖是如何实现密封的? 压力弹簧的作用是什么?

(2) 了解密封的几种形式。

(3) 内泵盖的安装方向如何确定?

(4) 进水口端面(如图 3-6 所示)为何设计为斜面结构? 有何优点?

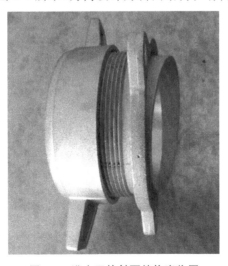

图 3-6　进水口的斜面结构实物图

(5) 仔细观察涡轮的曲线结构,了解曲线的构成原理。

(6) 了解涡轮上小孔的作用,如图 3-7 所示。

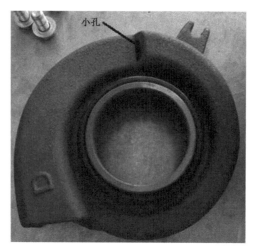

图 3-7　涡轮端面小孔结构实物图

（7）掌握水泵的工作原理。

2. 水泵的安装

（1）将水泵内盖的豁口向下，利用螺栓固定，将密封垫片和弹簧安装到曲轴上。

（2）安装飞轮，安装时可以从曲柄处给以阻力，待固定曲轴后将泵轮安装到位。

（3）将涡轮固定在水泵外壳的肋条处，然后将水泵外壳固定在壳体上，此时需注意涡轮的位置不要发生改变。

（4）分别将水泵进水口垫片、进水接口、出水口垫片和出水接口安装到位。

3. 水泵安装使用的注意事项

水泵在实际的安装使用过程中需要注意以下几点：

（1）在地理环境许可的条件下，水泵应尽量靠近水源，以减少吸水管的长度，水泵安装处的地基应牢固，对固定式泵站应修专门的基础。

（2）进水管路应密封可靠，必须有专用支撑，不可吊在水泵上。装有底阀的进水管，应尽量使底阀轴线与水平面垂直安装，其轴线与水平面的夹角不得小于 45°。水源为渠道时，底阀应高于水底 0.50 m 以上，且加网以防止杂物进入泵内。

（3）机、泵底座应水平，与基础的连接应牢固。机、泵皮带传动时，皮带紧边在下，这样传动效率高，水泵叶轮转向应与箭头指示方向一致；采用联轴器传动时，机、泵必须同轴线。

（4）水泵的安装位置应满足允许吸上真空高度的要求，基础必须水平、稳固，保证动力机械的旋转方向与水泵的旋转方向一致。

（5）若同一机房内有多台机组，机组与机组之间，机组与墙壁之间都应有 800 mm 以上的距离。

（6）水泵吸水管必须密封良好，且尽量减少弯头和闸阀，加注引水时应排尽空气，运行时管内不应积聚空气，要求吸水管呈上斜模式并与水泵进水口连接，进水口应有一定的淹没深度。

（7）如果水泵有任何小的故障切记不能让其工作。如果水泵轴的填料完磨损后要及时添加，如果继续使用水泵会漏气。这样带来的直接影响是电机耗能增加进而会损坏叶轮。

（8）如果水泵在使用的过程中发生强烈的震动，一定要停下来检查原因，否则同样会对水泵造成损坏。

（9）当水泵底阀漏水时，应及时维修，如果很严重则需要更换。

（10）水泵使用后一定要注意保养，比如当水泵用完后要把水泵里的水放干净，最好能把水管卸下来用清水冲洗。

（11）水泵上的胶带也要卸下来，然后用水冲洗干净后在光照处晾干，不要把胶带放在阴暗潮湿的地方。水泵的胶带一定不能沾上油污，更不要在胶带上涂一些带黏性的东西。

（12）要仔细检查叶轮上是否有裂痕，叶轮固定在轴承上是否有松动，如果有出现裂缝和松动的现象要及时维修，如果水泵叶轮上面有泥土也要清理干净。

第4章 曲柄连杆机构的认识与拆装实训

4.1 本章提示

知识目标

1.掌握机体组、曲柄连杆机构的结构特点及装配关系。

2.熟悉活塞环的密封原理,掌握机体组、曲柄连杆机构的拆装方法及相关检测调整。

能力目标

1.具备正确认识机体组主要零部件结构及相互装配关系、装配工艺、检修工艺等的能力。

2.具有按照拆装工艺正确拆装曲柄连杆机构、排除常见故障的能力;培养团队协作能力。

4.2 曲柄连杆机构基础知识

4.2.1 曲柄连杆机构功用与组成

曲柄连杆机构的功用是将燃气作用在活塞上的力转变为曲轴的转矩,以向工作机械输出机械能。曲柄连杆机构主要由汽缸体与曲轴箱组、活塞连杆组、曲轴飞轮组所组成。汽缸体与曲轴箱组主要包括汽缸盖、气缸衬垫、汽缸体、汽缸套、曲轴箱、油底壳等机件。活塞连杆组主要包括活塞、活塞环、活塞销和连杆等机件。曲轴飞轮组主要包括曲轴、飞轮、扭转减振器等。曲柄连杆机构零部件如图 4-1 及表 4-1 所示。

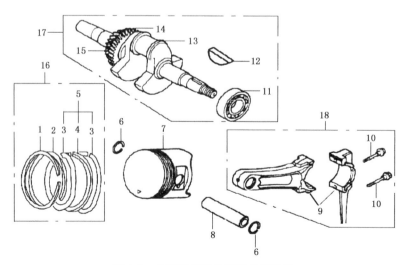

图 4-1 曲柄连杆机构零部件示意图

表 4-1　曲柄连杆机构零部件

序号	零部件名称	序号	零部件名称	序号	零部件名称
1	活塞环(一)	7	活塞	13	曲轴
2	活塞环(二)	8	活塞销	14	调速主动齿轮
3	侧环	9	连杆	15	正时主动齿轮
4	衬簧	10	连杆螺栓	16	活塞环组
5	油环组合	11	轴承6206	17	曲轴组合
6	活塞销挡圈	12	半圆键	18	连杆组合

4.2.1.1　曲轴

曲轴的功用是承受连杆传来的力并将其转变为扭矩,然后通过飞轮输出,另外,还用来驱动发动机的配气机构及其他辅助装置(如发电机、风扇、水泵、转向油泵等)。在发动机工作中,曲轴受到旋转质量的离心力、周期性变化的气体压力和往复惯性力的共同作用,使曲轴承受弯曲与扭转载荷。为了保证工作可靠,要求曲轴具有足够的刚度和强度,各工作表面要耐磨而且润滑良好。

曲轴主要由三部分组成,分别是曲轴的前端(或称自由端)轴 1,连杆轴颈 3,左右两端的曲柄 4 以及前后两个主轴颈 2 组成的曲拐,如图 4-2 所示。

1—前轴端;2—主轴颈;3—连杆轴颈;4—曲柄

图 4-2　整体式曲轴

曲轴的曲拐数取决于气缸的数目及其排列方式。直列式发动机曲轴的曲拐数等于气缸数;V 形发动机曲轴的曲拐数等于气缸数的一半。曲轴的形式和各曲拐的相对位置,取决于气缸数、气缸排列方式和发火次序。在安排多缸发动机的发火次序时应注意:使相继做功的两缸相距尽可能远,以减轻主轴承的载荷,同时避免进气行程中可能发生的抢气现象(即相邻两缸进气门同时开启);做功间隔应力求均匀,也就是说,在发动机完成一个工作循环的曲轴转角内,每个气缸都应发火做功一次,而且各缸发火的间隔时间(以曲轴转角表示,称为发火间隔角)应力求均匀。

曲轴要求用强度、冲击韧性和耐磨性都比较好的材料制造,一般都采用优质中碳钢(如 45 号钢)或中碳合金钢(如 45Mn2,40Cr 等)模锻。为了提高曲轴的耐磨性,其主轴颈和连杆轴颈表面上均需高频淬火或氮化。有部分发动机采用了高强度的稀土球墨铸铁铸造曲轴,但这种曲轴必须采用全支承以保证刚度。

曲柄连杆机构受力主要由如图 4-3 所示几部分组成。

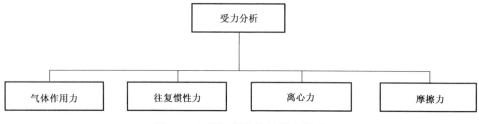

图 4-3　曲柄连杆机构的受力组成

(1)气体作用力

在每个工作循环中,气体压力始终存在并不断变化。这里主要介绍做功和压缩行程中气体作用力。工作循环的任何行程中,气体作用力的大小都是随着活塞的位移而变化的,沿气缸轴向上各处的磨损都是不均匀的;同样,气缸壁沿圆周方向的磨损也是不均匀的。

(2)往复惯性力与离心力

往复惯性力是指活塞组件和连杆小头在气缸中做往复直线运动所产生的惯性力,其大小与机件质量及加速度成正比,其方向总是与速度方向相反。当活塞向下运动时,前半程是加速运动,惯性力向上;后半程是减速运动,惯性力向下。

(3)摩擦力

绕曲轴轴线旋转的部件都会产生离心力,其大小与曲轴半径、旋转部分的质量及曲轴的转速有关。

4.2.1.2　飞轮

飞轮是一个转动惯量很大的铸铁圆盘,其主要作用是贮存做功行程的一部分能量,以克服各辅助行程的阻力,使曲轴均匀旋转,使发动机具有克服短时超载的能力。此外,飞轮又常作为汽车传动系中摩擦离合器的主动盘。

飞轮与曲轴装配后应进行动平衡试验,所以在某些发动机飞轮上和曲轴上能看到有钻过的孔,否则在旋转时因质量不平衡而产生离心力,将引起发动机振动并加速主轴承的磨损。为了在拆装时不破坏它们的平衡状态,飞轮与曲轴之间应有严格的相对位置,用定位销或不对称布置螺栓予以保证。

4.2.2　机体组结构与认识

机体组是发动机的骨架,是曲柄连杆机构、配气机构和发动机各系统主要零件的装配基体。机体组主要包括气缸体、气缸盖、燃烧室、气缸盖衬垫、气缸盖罩等。

4.2.2.1 气缸体

水冷发动机的气缸体和曲轴箱常铸成一体,称为缸体。作为发动机各个机构和系统的装配基体,还要承受高温高压气体作用力,活塞在其中做高速往复运动,因而要求气缸体应具有足够的强度和刚度。气缸内壁经过精加工,其工作表面的粗糙度、形状和尺寸精度都比较高。

根据气缸体具体结构形式,可分为一般式汽缸体、龙门式汽缸体和隧道式汽缸体三种类型。

为保证发动机能在高温下正常工作,应对气缸体和气缸盖进行冷却。按冷却介质的不同,可分为水冷与风冷两种冷却方式。汽车发动机多采用水冷的方式,利用水套中的冷却水流过高温零件的周围带走多余的热量。风冷发动机一般将气缸体与曲轴箱分开铸造,为增加散热效果,在气缸体与气缸盖外表面铸有散热片。

气缸体的材料一般采用优质灰铸铁、球墨铸铁,为提高耐磨性,有时在铸件中加入少量合金元素,有些气缸进行了表面处理,如表面淬火、镀铬、磷化等;有的则可以从材料、加工、精度和结构方面考虑。

4.2.2.2 气缸盖

气缸盖的主要功用是密封气缸上部,并与活塞顶部和气缸一起形成燃烧室。同时,气缸为其他零部件提供安装位置。气缸盖的燃烧室一侧直接受到高温、高压燃气的作用。在热负荷时,由于形状复杂,冷却不均匀,各部分温差大,特别是在进、排气门口之间,进、排气门口与汽油机的火花塞之间(或进、排气门口与柴油机的喷油器之间)的所谓"鼻梁区",热应力很高,是容易出现裂纹损坏的部位;而气缸盖在机械负荷和热负荷作用下的变形会导致进、排气门密封被破坏和气缸盖密封(气封、水封、油封)被破坏,影响发动机的动力性、燃油经济性和工作可靠性。因此,要求气缸盖应具有足够的强度和刚度,通过良好的冷却,使温度分布尽可能均匀。

4.2.2.3 燃烧室

汽油机的燃烧室由活塞顶部及缸盖上相应的凹部空间组成。燃烧室形状对发动机的工作影响很大,所以对燃烧室有两点基本要求:一是结构尽可能紧凑,表面积要小,以减少热量损失及缩短火焰行程;二是使混合气在压缩终了时具有一定的气流运动,以提高混合气燃烧速度,保证混合气得到及时和充分的燃烧。

汽油机常用燃烧室形状有如图 4-4 所示几种。

(1)半球形燃烧室(见图 4-4a)结构较后两种更紧凑,但因进排气门分别置于缸盖两侧,故使配气机构比较复杂。由于其散热面积小,有利于促进燃料的完全燃烧和减少排气中的有害气体,对排气净化有利。

(2)楔形燃烧室(见图 4-4b)结构较简单、紧凑。在压缩终了时能形成挤气涡流,因而燃烧速度较快,燃油经济性和动力性较好。

(3)盆形燃烧室(见图 4-4c)结构也较简单、紧凑。

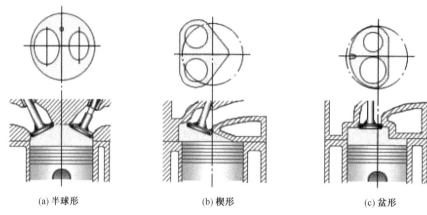

(a) 半球形   (b) 楔形   (c) 盆形

图 4-4 汽油机的燃烧室形状

另外还有碗形燃烧室和篷形燃烧室。碗形燃烧室是布置在活塞中的一个回转体，采用平底气耳盖，工艺性好；但燃烧室在活塞顶内使活塞的高度与质量增加，同时活塞的散热性也差。篷形燃烧室性能与半球形相似，组织缸内气流进行挤气运动要比半球形容易，燃烧室也可全部加工。

4.2.2.4 气缸盖衬垫

气缸盖与气缸体之间布置有气缸盖衬垫（简称缸垫），其功用是填补缸体与缸盖结合面上的微观孔隙，保证结合面处有良好的密封性，进而保证燃烧室的密封，防止气缸漏气。

随着内燃机的不断强化，热负荷和机械负荷均不断地增加，缸垫的密封性愈来愈重要，其对结构和材料的要求是：在高温高压和高腐蚀的燃气作用条件下具有足够的强度和耐热性，在高温、高压燃气下或有压力的机油和冷却液的作用下不烧损或变质；具有一定弹性，能补偿接合面的不平度，以保证密封；拆装方便，能重复使用，使用寿命长。

4.2.2.5 气缸盖罩

在气缸盖上部有起到封闭和密封作用的气缸盖罩，气缸盖罩的结构比较简单，一般用薄钢板冲压而成，气缸盖罩与气缸盖之间设有密封垫。

4.2.3 活塞连杆组结构与认识

4.2.3.1 活塞

活塞的功用是其顶部与汽缸盖、气缸壁共同组成燃烧室，承受气体压力，并将此力通过活塞销传给连杆，以推动曲轴旋转。活塞连杆组的示意图如图 4-5 所示。活塞的工作条件非常恶劣，工作时，活塞顶部直接与高温燃气接触，因此活塞的温度也很高，其顶部的温度通常高达 $600 \sim 700$ K。高温一方面使活塞材料的机械强度显著下降，另一方面会使活塞的热膨胀量增大，容易破坏活塞与其相关零件的配合。

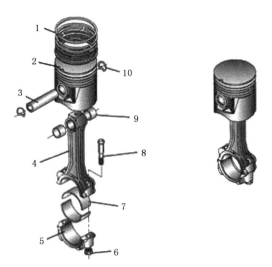

1—活塞环;2—活塞;3—活塞销;4—连杆;5—连杆盖;6—定位套筒;

7—连杆轴瓦;8—连杆螺栓;9—连杆衬套;10—活塞销卡环

图 4-5 活塞连杆组示意图

活塞顶部在做功行程时,承受着燃气带有冲击性的高压力。对于汽油机活塞,瞬时压强最大值可达 3~5 MPa。对于柴油机活塞,其最大值可达 6~9 MPa,采用增压时则更高。高压还将导致活塞的侧压力更大,从而加速活塞外表面的磨损,增加活塞变形量。

活塞在气缸中做变速运动,其平均速度可达 10~14 m/s,这样的高速会产生很大的惯性力,它将使曲柄连杆机构的各零部件和轴承承受附加的载荷。

活塞承受的气体压力和惯性力是周期性变化的,因此活塞的不同部分会受到交变的拉伸、压缩和弯曲载荷;并且由于活塞各部分的温度极不均匀,活塞内部将产生一定的热应力。从活塞的工作条件可看出,为保证发动机的良好运行特性,要求活塞具有以下性能:

(1)足够的强度和刚度,特别是活塞环槽区域要求有较大的强度,以免活塞环被击碎;

(2)较小的质量,以保持较小的惯性力;

(3)耐热的活塞顶及弹性的活塞裙;

(4)良好的导热性和极小的热膨胀性,以便有较小的安装间隙;

(5)活塞与气缸壁间有较小的摩擦因数。

活塞的基本构造可分为顶部、头部和裙部三部分,如图 4-6 所示。

(1)活塞顶是燃烧室的组成部分,因而常制成不同的形状。汽油机活塞顶多采用平顶(见图 4-7a),以使燃烧室结构紧凑,散热面积小,制造工艺简单。有些汽油机为了改善混合气形成和燃烧而采用凹顶活塞(见图 4-7c),凹坑的大小还可以用来调节发动机的压缩比。二冲程汽油发动机通常采用凸顶活塞(见图 4-7b)。

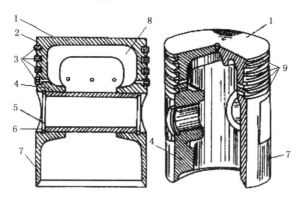

1—活塞顶；2—活塞头；3—活塞环；4—活塞销座；5—活塞销；

6—活塞销卡座；7—活塞裙；8—加强筋；9—环槽

图 4-6 活塞结构剖视图

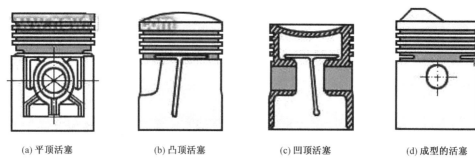

(a) 平顶活塞   (b) 凸顶活塞   (c) 凹顶活塞   (d) 成型的活塞

图 4-7 活塞顶部结构图

（2）活塞头部指的是由活塞顶至最下面一道活塞环槽之间的部分。其主要作用为：承受气体压力，并将力通过活塞销座、活塞销传给连杆；同时与活塞环一起实现气缸的密封；将活塞顶所吸收的热量通过活塞环传导到气缸壁上。活塞头切有若干环槽，用以安装活塞环。上面的 2～3 道槽用来安装气环，下面的一道用来安装油环。油环槽的底部钻有若干小孔，以使油环从气缸壁上刮下的多余润滑油经此流回油底壳。

活塞头部相对活塞其他部分做得较厚，以便于热量从活塞顶经活塞环传到气缸的冷却壁面上，从而防止活塞顶部的温度过高。部分发动机活塞在第一道环槽上面车出较环槽窄的隔热槽，其作用是隔断从活塞顶部流下来的部分热流通路，迫使热流方向转折，把原来应由第一道活塞环散走的热量，分散给第二、第三环，以消除第一道环过热后产生积碳和卡死在环槽中的可能性。

按功用的不同可将活塞环分为气环和油环两种。气环又称压缩环，其作用是保证活塞与气缸壁间的密封，防止气缸中的高温、高压燃气大量漏入曲轴箱，同时还将活塞顶部的热量传导到气缸壁，再由冷却液或空气带走，一般发动机每个活塞装有 2～3 道气环。油环用来刮除气缸壁上多余的机油，并在气缸壁面上涂抹一层均匀的机油膜，这样既可以防止机油窜入气缸燃烧，又可以减少活塞、活塞环与气缸壁的磨损和摩擦阻力。此外，油环也起到辅助密封的作用。

（3）活塞裙部是指自油环槽下端面起至活塞地面的部分,其作用是为活塞在气缸内做往复运动导向和承受侧压力。

活塞裙部要有一定的长度和足够的面积,以保证可靠导向和减轻磨损。裙部的基本形状为一薄壁圆筒,若该圆筒为完整结构则称为全裙式。许多高速发动机为了减小活塞质量,在活塞不受作用力的两侧,即沿销座孔轴线方向的裙部切去一部分,形成拖式裙部,这种结构的活塞裙部弹性较好,可以减小活塞与气缸的装配间隙,如图 4-8 所示。

图 4-8　拖式活塞

4.2.3.2　连杆

连杆的功用是将活塞承受的气体作用力传给曲轴,从而使活塞的往复运动转变为曲轴的旋转运动。

连杆主要承受活塞销传来的气体作用力和活塞组往复运动时的惯性力。此外,由于连杆变速摆动而产生的惯性力矩,还使连杆承受一定的弯矩。这些力和力矩的大小和方向都是周期变化的,且连杆本身又是较长的杆件,因此连杆受到的是压缩、拉伸和弯曲等交变载荷。因此要求连杆质量尽可能小,也要有足够的刚度和强度。

连杆一般采用 45、40Cr 等中碳钢或中碳合金钢经模锻或辊锻制成,然后经机械加工和热处理,也有少数用球墨铸铁制成。为提高疲劳强度,连杆常进行表面喷丸处理。小型发动机的连杆则常用高强度铝合金。

连杆由连杆小头 2、杆身 3 和连杆大头 5（包括连杆盖 7）三部分组成,如图 4-9 所示。连杆小头用来安装活塞销,以连接活塞。活塞销为全浮式的,工作时,活塞销和衬套之间应有相对转动,因此,连杆小头孔内装有青铜衬套或铁基粉末冶金衬套。为了保证其润滑,在小头和衬套上钻出集油孔 12 或铣出集油槽用来收集发动机运转时被飞溅上来的机油,以便润滑。有的发动机连杆小头采用压力润滑,在连杆杆身内钻有纵向的压力油通道。

连杆杆身通常做成"工"字形断面,以求在强度和刚度足够的前提下减轻质量。

连杆螺栓是一个经常承受交变载荷的重要零件,一般采用韧性较高的优质合金钢或优质碳素钢锻制或冷墩成型。连杆大头的两部分用连杆螺栓紧固在一起。连杆大头安装时,必须紧固可靠,连杆螺栓必须按原厂规定的拧紧力矩,分 2～3 次均匀地拧紧。为防止工作时自动松动,必须用其他锁紧装置紧固。常采用的锁止装置有开口销、双螺母螺纹表面镀铜、自锁螺母、防松胶等。

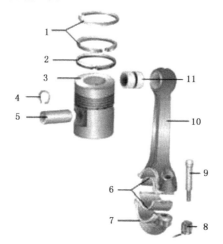

1—气环;2—油环;3—活塞;4—销挡圈;5—活塞销;6—连杆轴瓦;

7—连杆盖;8—连杆螺母;9—连杆螺栓;10—连杆;11—连杆衬套

图 4-9　连杆组件结构图

4.3　曲柄连杆机构的拆装实训

4.3.1　实训目的和要求

（1）进一步强化对曲柄连杆基本结构的认识,理解曲柄连杆机构的结构组成及工作原理;

（2）掌握曲柄连杆机构的拆卸和装配的方法、步骤和要求;

（3）掌握曲柄连杆机构的检查方法。

4.3.2　实训设备、材料和工具

（1）四冲程单缸汽油机;

（2）常用与专用拆装工具;

（3）发动机各式量具。

4.3.3　实训内容及步骤

4.3.3.1　实训内容

（1）拆卸前观察曲柄连杆机构各部分的组成;

（2）拆卸过程中熟悉各部件名称及工作原理;

（3）掌握各部件的装配关系。

4.3.3.2　实训步骤

1.曲柄连杆机构的拆卸

曲柄连杆机构的拆卸步骤如下:

（1）将曲轴箱盖六个螺栓分别拆卸,取下曲轴箱盖、垫片、定位销以及箱体内部的正

时齿轮和气门顶柱,如图 4-10 所示。

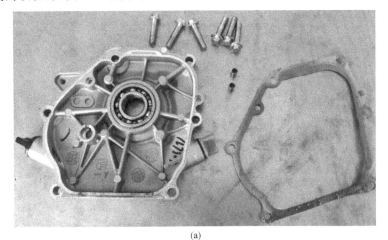

(a)

(b)

(c)

图 4-10　曲轴箱盖及部分零件拆装实物图

注意:拆卸螺栓时请遵循对角拆卸的原则。

(2)拆卸起动杯、风扇和飞轮,如图 4-11 所示。

注意:在拆卸这部分时,拧松大螺母时曲轴会跟着同时转动,需要使用合适的工具从曲轴箱内部阻止曲轴跟着转动,作用部位可以选择曲柄和连杆之间。

(3)使活塞处于合适的位置以预留操作空间,利用梅花扳手将油勺与活塞连杆间的黑色固定螺栓拆下,取出油勺和螺栓。

注意:拆卸连接黑螺栓时,操作空间较小,请选择合适的位置进行拆卸。

(4)转动曲轴,使活塞运行到上止点,此时活塞连杆与曲轴脱离,左手中指与食指向斜上方推动活塞连杆的圆弧处,右手处于缸头以保证活塞从缸筒中取出。

注意:在取出活塞后请注意不要磕碰活塞环,将活塞与油勺利用黑螺栓固定连接后放置在托盘内,防止各组之间零件互换,如图 4-12 所示。

图 4-11 发动机起动器部分实物图

图 4-12 活塞连杆部分实物图

（5）取出曲轴和半圆键，如图 4-13 所示。

本实验环节中活塞连杆组不再进行分解，在这里只补充活塞连杆组的分解过程及安装过程以供大家学习参考，不再进行实训操作。

活塞连杆组的分解过程如下：

（1）用专用活塞环拆装钳从上向下依次拆下活塞环。

（2）用孔用挡圈卡钳拆下活塞销两端的卡簧。

（3）用专用冲棒拆除活塞销。

（4）拆下连杆螺栓、连杆盖，拆下连杆轴承。

图 4-13 曲轴及飞轮部分实物图

注意：

（1）对活塞做标记时，应从发动机前端向后打上气缸号，并打上指向发动机前端的箭头；

（2）拆卸连杆和连杆轴承盖时，应打上所属气缸号。

活塞连杆组的组装过程如下：

（1）将活塞销座孔、活塞销、连杆小头衬套内涂抹机油。

（2）将活塞销推入活塞销座孔并稍微露出。

（3）将连杆小头伸入活塞销座之间，使连杆小头孔对准活塞销，大拇指用力将活塞销推到底，在活塞销座孔两端装入限位卡簧。

（4）用活塞环拆装卡钳一次装入组合式油环、第二道气环（锥形环）、第一道气环（矩形环）。

拆卸曲柄连杆机构各部件过程中，仔细观察部件之间的装配关系，并思考以下问题：

（1）活塞的安装方向如何确定？

（2）曲轴为什么要轴向定位？

（3）曲轴飞轮组哪些部件会引起发动机异响？发动机转速不稳与该组件有什么关系？

（4）活塞与缸壁之间的密封是如何实现的？

（5）活塞与缸壁之间的润滑是如何实现的？

（6）油勺的作用是什么？仔细观察油勺的形状及流线形式。

（7）观察活塞裙部的结构，为何这样设计？

（8）连接油勺与活塞连杆的黑色螺栓的直径为何采用 M7？

（9）活塞连杆与曲轴间的润滑是如何实现的？

（10）飞轮端面的小孔有何作用？

2.曲柄连杆机构的安装

（1）清洁气缸内壁、活塞连杆组,在气缸内壁、活塞裙部、连杆轴承表面涂抹机油。

注意:安装之前一定检查缸筒内壁是否有杂质碎屑。

（2）活塞油环、第一道气环、第二道气环错开一定的角度,形成"迷宫式"密封形式,活塞头部箭头冲下,握紧气环将活塞装进缸筒内。

注意:活塞的安装暂时没有专用工具,安装时切忌敲打,要保证油环和气环顺畅的安装和工作。

（3）转动曲轴,使连杆大头落在连杆轴径上,装上油勺部分,用两个黑螺栓进行固定,拧紧力矩至规定值 30 N·m,再加转 90°。若操作空间不够,无法采用力矩扳手,则利用合适的梅花扳手进行固定,当拧至螺栓阻力突然增加时再加拧 30°。

（4）安装半圆键、飞轮、风扇和起动杯,利用大螺母进行固定,力矩要求是 45 N·m。

注意:风扇和起动杯都有定位孔,需要安装到正确的位置;在进行大螺母固定时一定要达到力矩要求,否则半圆键和键槽之间剪切力太大,会直接导致飞轮发生裂纹甚至事故等严重后果。

第5章 配气机构的认识与拆卸

5.1 本章提示

知识目标

1. 掌握配气系统的结构组成及特点,掌握配气机构的装配关系。

2. 熟悉配气系统的工作原理,掌握配气机构的拆装方法及相关检测调整。

能力目标

1. 具有正确认识配气系统主要零部件及结构的能力,掌握相互装配关系、装配工艺、检修工艺等。

2. 具有按照拆装工艺正确拆装配气机构,排除常见故障的能力;培养团队协作能力。

5.2 配气机构的认识

5.2.1 配气机构基础知识

四冲程发动机一般采用气门式配气机构。

配气机构的功用是保证发动机进气充分、排气干净,以保证发动机在各种工况下工作时发挥最好的性能。四冲程汽车发动机一般采用气门式配气机构。配气机构的功用是根据发动机每一气缸内所进行的工作循环和发火次序的要求,定时打开和关闭各气缸的进、排气门,使新鲜可燃混合气(汽油机)或空气(柴油机)得以及时进入气缸,废气得以及时从气缸中排出,使换气过程最佳,以保证发动机在各种工况下工作时发挥最佳的性能。

配气机构由气门组、气门传动组所组成。按气门布置形式不同,配气机构的布置主要有气门顶置式和气门侧置式,如图 5-1 所示。气门位于气缸体侧面称为气门侧置式配气机构(见图 5-1a)。因为它的进、排气门在气缸的一侧,压缩比受到限制,进排气门阻力较大,发动机的动力性和高速性均较差,现在很少采用。气门位于气缸盖上称为气门顶置式配气机构(见图 5-1b),其特点是进气阻力小,燃烧室结构紧凑,气流涡流强,能达到较高的压缩比,目前汽车发动机主要采用气门顶置式配气机构。

按凸轮轴的布置位置不同,配气机构可分为凸轮轴下置式、凸轮轴中置式和凸轮轴上置式,如图 5-2 所示。

对于顶置气门、下置凸轮轴配气机构(见图 5-2a),因传动环节多、路线长,在高速运动下,整个系统容易产生弹性变形,影响气门运动规律和开启、关闭的准确性,发动机高度也有所增加,所以不适应高速汽油机的要求。

凸轮轴中置,如图 5-2b 所示。凸轮轴位于气缸体的中部由凸轮轴经过挺柱直接驱动摇臂,省去推杆,这种结构称为凸轮轴中置配气机构。

(a) 气门侧置　　　　　　　　(b) 气门顶置

图 5-1　按气门布置形式分类

凸轮轴上置,如图 5-2c 所示。凸轮轴布置在气缸盖上,凸轮轴上置有两种结构形式。一是凸轮轴直接通过摇臂来驱动气门,这样既无挺柱,又无推杆,往复运动质量大大减小,此结构适于高速发动机。另一种是凸轮轴直接驱动气门或带液力挺柱的气门,此种配气机构的往复运动质量更小,特别适用于高速发动机。

(a) 凸轮轴下置式　　　(b) 凸轮轴中置式　　　(c) 凸轮轴上置式

图 5-2　按凸轮轴的布置位置分类

按曲轴和凸轮轴的传动方式不同,配气机构可分为齿轮传动式、链条传动式和齿形带传动式。

凸轮轴下置、中置的配气机构大多采用正时齿轮传动。一般从曲轴到凸轮轴只需一对正时齿轮传动,若齿轮直径过大,可增加一个中间齿轮。为了啮合平稳,减小噪声,正时齿轮多用斜齿。

链条与链轮的传动适用于凸轮轴上置的配气机构,但其工作可靠性和耐久性不如齿轮传动。近年来高速汽车发动机上广泛采用齿形皮带来代替传动链,齿形带传动噪声小,工作可靠,成本低。

按每缸气门数目不同,配气机构可分为二气门式、三气门式、四气门式和五气门式。

一般发动机都采用每缸两个气门,即一个进气门和一个排气门的结构。为了改善换气,在可能的条件下,应尽量加大气门的直径,特别是进气门的直径。但是由于燃烧室尺寸的限制,气门直径最大一般不能超过气缸直径的一半。当气缸直径较大,活塞平均速度较高时,每缸一进一排的气门结构就不能保证良好的换气质量。

配气机构零部件如图 5-3 及表 5-1 所示。

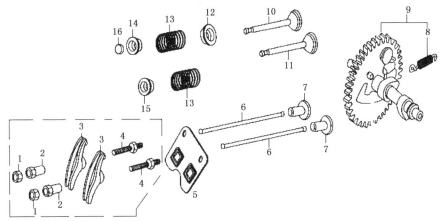

图 5-3　配气机构零部件示意图

表 5-1　配气机构零部件

序号	零部件名称	序号	零部件名称	序号	零部件名称
1	气门间隙调节螺母	6	推杆组合	11	进气门
2	摇臂轴座销	7	挺柱	12	排气门弹簧下座
3	气门摇臂	8	飞块弹簧	13	气门弹簧
4	气门间隙调节螺栓	9	凸轮轴装配组合	14,15	气门弹簧座
5	推杆导架	10	排气门	16	气门转子

5.2.2　配气机构主要零部件

5.2.2.1　气门组

气门组包括气门、气门导管、气门弹簧、弹簧座及锁片等零件,如图 5-4 所示。气门组应保证气门能够实现气缸的密封,因此要求:气门头部与气门座贴合严密;气门导管与气门杆的上下运动有良好的导向;气门弹簧的两端面与气门杆的中心线相垂直,以保证气门头在气门座上不偏斜;气门弹簧的弹力足以克服气门及其传动件的运动惯性力,使气门能迅速关闭,并保证气门紧压在气门座上。

气门由头部和杆部两部分组成,如图 5-4 所示。头部用来封闭气缸的进、排气通道,杆部则主要为气门的运动导向。气门头部的工作温度很高,进气门的温度可高达 $600\sim700$ K,排气门的更高,可达 $800\sim1100$ K,而且气门头部还要承受气体压力、气门弹簧力以及传动组零件惯性力的作用,其冷却和润滑条件又较差。因此,要求气门必须具有足够的强度、硬度、耐热和耐磨能力。

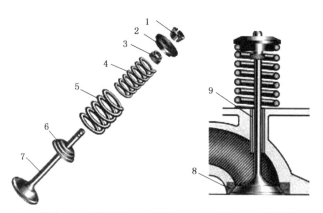

1—锁片;2—弹簧座圈;3—油封;4—内弹簧;5—外弹簧;

6—弹簧座圈;7—气门;8—气门座圈;9—气门导管

图 5-4　气门组示意图

气门导管是气门在其中做直线运动的导套,以保证气门与气门座正确贴合。此外,气门导管还在气门杆与气缸盖之间起导热作用。气门导管一般用耐磨的合金铸铁或粉末冶金材料制造,然后以一定的过盈量压入气缸盖的导管孔内。为了防止轴向运动,保证气门导管伸入进、排气歧管的合适深度,有的发动机对气门导管用卡环定位(见图 5-5),它与卡环配合可防止工作时导套移动而落入气缸中,为了防止排气门与气门导管因积碳而卡住,在排气门导管内孔下部将孔径加大一些。

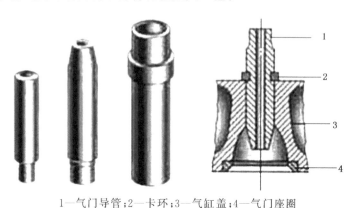

1—气门导管;2—卡环;3—气缸盖;4—气门座圈

图 5-5　气门导管与气门座

气门座与气门头部共同对气缸起密封作用,并接收气门传来的热量。气门座在高温条件下工作,磨损严重,故有不少发动机的气门座采用较好的材料(合金铸铁、奥氏体钢等)单独制作,然后镶嵌到气缸盖上。采用铝合金气缸盖的发动机,由于铝合金材质较软,气门必须镶嵌。

气门弹簧的作用是使气门自动回位,克服在气门关闭过程中气门及传动件因惯性力的作用而产生间隙,保证气门与气门座紧密贴合,防止气门在发动机振动时发生跳动,破坏其密封性。为此,气门弹簧应具有足够的刚度和安装预紧力。

5.2.2.2 气门传动组

气门传动组主要包括凸轮轴及正时齿轮、挺柱、导管、推杆、摇臂和摇臂轴等。气门传动组的作用是使进、排气门能按配气相位规定的时刻开闭,且保证有足够的开度。

凸轮轴(见图 5-6)上主要配置有各缸进、排气凸轮,可以使气门按一定的工作次序和配气相位及时开闭,并保证气门有足够的升程。凸轮受到气门间歇性开启的周期性冲击载荷作用,因此凸轮表面要求耐磨以及足够的韧性和刚度。凸轮轴的变形会影响配气相位,因此有的发动机凸轮轴采用全支承以减小其变形,支承数多,加工工艺复杂,一般发动机的凸轮轴每隔两个气缸凸轮设置一个轴颈,图 5-6 所示的凸轮轴有四个轴颈。为了安装方便,凸轮轴各轴颈的直径是做成从前向后依次减小的。凸轮轴的材料一般用优质钢模锻而成,也可采用合金铸铁或球墨铸铁铸造。凸轮和轴颈的工作表面一般经热处理后精磨,以改善其耐磨性。

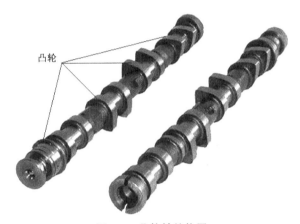

凸轮

图 5-6 凸轮轴结构图

挺柱的功用是将凸轮轴的推力传给推杆或气门,并承受凸轮轴旋转时所施加的侧向力。气门顶置式配气机构的挺柱一般制成筒式,以减轻质量。另外滚轮式挺柱的优点是可以减小摩擦所造成的对挺柱的侧向力,这种挺柱结构复杂,质量较大,一般多用于大缸径柴油机上。挺柱常采用镍镉合金铸铁或冷激合金铸铁制造,其摩擦表面经热处理后精磨。有的发动机的挺柱装在可拆式的挺柱导向体中。

推杆的作用是将从凸轮轴经过挺柱传来的推力传给摇臂。它是气门机构中最容易弯曲的零件,要求有很高的刚度,在动载荷大的发动机中,推杆应尽量地做得短些。

摇臂的功用是将凸轮经推杆传来的力改变方向,作用到气门尾杆端以推开气门。端头的工作表面一般制成球形,当摇臂摆动时可沿气门杆端面滚滑,这样可使两者之间的力尽可能沿气门轴线作用。

5.2.2.3 气门间隙

发动机在冷状态时,气门处于关闭状态,气门与传动件之间的间隙就是气门间隙,如图 5-7 所示。如果气门及其传动件之间,在冷态时无间隙或间隙过小,则在热态下气门及其传动件的受热膨胀会将气门自动顶开,引起气门关闭不严,造成发动机在压缩和做功行程中的漏气,使功率下降,严重时甚至使发动机不易起动。为消除上述现象,通常在发动机冷态装配时,在气门与其传动机构中,留有适当的间隙,以补偿气门受热后的膨胀量。

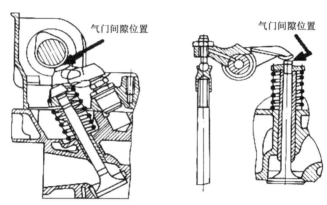

图 5-7　气门间隙示意图

气门间隙视配气机构的总体结构形式而定,同时这一间隙也可进行调整。气门间隙的大小一般由发动机制造厂根据试验确定。通常在冷态时,进气门的间隙为 0.25~0.30 mm,排气门的间隙为 0.3~0.35 mm。如间隙过大,则使传动零件之间以及气门和气门座之间将产生撞击、响声,而加速磨损同时也使气门开启的持续时间减短。采用液力挺柱的发动机,挺柱的长度能自动变化,随时补偿气门的热膨胀量,故不需要预留气门间隙。

5.3　配气机构的拆装实训

5.3.1　实训目的和要求

（1）进一步强化对配气机构的认识,理解配气机构的结构组成及工作原理;

（2）掌握配气机构的拆卸和装配的方法、步骤和要求;

（3）掌握配气机构的检查方法。

5.3.2　实训设备、材料和工具

（1）四冲程单缸汽油机;

（2）常用与专用拆装工具;

（3）发动机各式量具。

5.3.3　实训内容及步骤

5.3.3.1　实训内容

（1）拆卸前观察配气连杆机构各部分的组成;

（2）拆卸过程中熟悉各部件名称及工作原理;

（3）掌握各部件的装配关系。

5.3.3.2　实训步骤

1. 配气机构的拆卸

配气机构的拆卸步骤如下：

（1）拆下缸头汽缸盖罩四个螺栓，取下气缸盖罩和密封垫片，如图5-8所示。

(a)

(b)

图 5-8　气缸盖罩与密封垫部分实物图

（2）分别拆卸汽缸体四个连接螺栓，取下汽缸体、密封垫片、定位销、螺栓、气门推杆及气门转子。如图5-9所示。

注意：在拆卸汽缸体四个连接螺栓时，请严格遵守对角拧松分别拆下的原则；气门转子较小，请注意防止其掉入箱体缝隙中；拆下气缸体后，应使用干净的布盖住气缸盖的进气口、排气口，以免其他杂质、杂物进入。

(a)

(b)

图 5-9　气缸体部分实物图

（3）打开曲轴箱盖，取出正时齿轮与气门挺柱，如图 5-10 所示。

图 5-10　正时齿轮与气门挺柱实物图

拆卸配气机构各部件的过程中，仔细观察部件之间的装配关系，并思考以下问题：

（1）正时齿轮的安装方向如何确定？正时齿轮如果安装位置没有对正，发动机能够正常工作吗？

（2）正时齿轮端面上的机构有什么作用？

（3）正时齿轮采用斜齿有什么优缺点？正时齿轮的速比是什么？

（4）气门转子的作用是什么？为何安装在排气门？

（5）呼吸罩内的气体如何循环？

（6）摇臂与气门间隙的作用是什么？

（7）气缸磨损程度的衡量指标是什么？

2．配气机构的安装

配气机构的安装步骤如下：

（1）将两个气门挺柱从曲轴箱内部安装到合适的位置，正时齿轮与曲柄的齿轮准确啮合。

（2）安装汽缸体上的定位销和密封垫片，利用四个专用螺栓连接汽缸体和箱体，拧紧力矩至规定值 30 N·m。

（3）安装气门推杆，然后将两个推杆与摇臂进行组合安装。先将进气门凸轮行至最低处，摁压进气门弹簧以安装进气门推杆；将气门转子安装到排气门，转动曲轴将排气门凸轮行至最低处，摁压排气门弹簧以安装气门推杆，如图 5-11 所示。

图 5-11　气缸体及气门推杆部分安装实物图

（4）安装气缸盖罩密封垫片，将气缸罩利用四个螺栓进行固定，力矩值按要求进行选择。

注意：发动机在装配前必须疏通润滑油道，以免润滑油道堵塞，造成发动机工作后润滑不良，导致运动零件损坏；安装止推垫片时，应使止推垫片有润滑油油槽的一面（有减磨合金层表面）朝外。

第6章　发动机燃油供给系统的拆装实训

6.1　本章提示

知识目标

1. 掌握燃油供给系统的结构特点及装配关系。

2. 熟悉燃油供给系统的工作原理,掌握燃油供给系统的拆装方法及相关检测调整、清洗、校正的方法。

能力目标

1. 具备正确认识发动机燃油供给系统各主要零部件及结构的能力,掌握相互装配关系、装配工艺、检修工艺等。

2. 具有正确拆装燃油供给系统的能力;具有分析发动机"怠速"不稳和排除故障的能力;培养团队协作能力。

6.2　发动机燃油供给系统的组成及认识

6.2.1　发动机燃料的认识

汽油机使用的燃料是汽油,汽油是从石油中提炼出来的碳氢化合物,主要成分为十六烷。

1. 蒸发性

蒸发性指汽油的汽化能力,汽油的蒸发性越好,混合气成分就越均匀,燃烧越充分,积碳越少,影响蒸发性的主要因素有温度、气流流速和表面积。

2. 汽油的抗爆性

汽油的抗爆性是指汽油在汽油发动机气缸内燃烧时不产生爆燃的能力。

抗爆性的衡量指标主要是辛烷值,辛烷值越高抗爆性越好。辛烷值的表达方式有马达法辛烷值和研究法辛烷值两种。

3. 汽油的氧化安定性

汽油的氧化安定性是指汽油在贮运和使用过程中不易出现早期氧化变质,对发动机部件及储油容器不产生腐蚀。

6.2.2　燃油供给系的组成结构

汽油机所用的燃料是汽油,在进入气缸之前,汽油和空气已形成可燃混合气。可燃混合气进入气缸内被压缩,在接近压缩终了时点火燃烧而膨胀做功。可见汽油机进入气缸的是可燃混合气,压缩的也是可燃混合气,燃烧做功后将废气排出。

因此汽油供给系的任务是根据发动机的不同情况和要求,配制出一定数量和浓度的可燃混合气,供入气缸,最后还要把燃烧后的废气排出气缸。所以它包括四个部分:

（1）燃油供给装置：汽油油箱、汽油泵、汽油滤清器、油管等；

（2）空气供给装置：空气滤清器、进气总管、进气歧管；

（3）可燃混合气形成装置：缸外（化油器）或缸内；

（4）废气排出装置：排气总管、排气歧管、排气消声器、三元催化转化器。

化油器主要由浮子系统、怠速系统、主供油系统、加速系统、加浓系统、冷启动六大部分组成。

6.2.3 进、排气系统

6.2.3.1 空气供给系统

发动机空气供给与排气系统的主要功用是供给发动机可燃混合气或纯净空气，并将发动机燃烧后的废气排至大气。空气供给系统主要包括空气滤清器和进气歧管。

1. 空气滤清器

空气滤清器功用是滤除空气中的杂质或灰尘，以减少气缸、活塞、活塞环等有关零件的磨损，延长发动机的使用寿命。

空气滤清器常用类型有纸滤芯干式空气滤清器和油浴式空气滤清器，其中纸滤芯干式空气滤清器应用最多。

2. 进气导流管

为了增强发动机的谐振进气效果，空气滤清器进气导流管需要有较大的容积。但是导流管的直径不能太大，以保证空气在导流管内有一定的流速，因此进气导流管只能做得较长。

3. 进气歧管

进气歧管是指化油器或节气门体之后到气缸盖进气道之前的进气管路。进气歧管必须将空气与燃油的混合气或纯净空气尽可能均匀地分配到各个气缸，因此进气歧管的长度应尽量相等。为了减小气体流动阻力、提高进气能力，进气歧管内壁应该光滑。

一般化油器式或节气门体燃油喷射式发动机的进气歧管用合金铸铁制造，轿车发动机多用铝合金制造，铝合金进气歧管质量轻、导热性好。气道燃油喷射式发动机近来采用复合塑料进气歧管的日渐增多。这种进气歧管质量较轻，内壁光滑，无须加工。

6.2.3.2 排气系统

排气系统排气装置一般由排气歧管、排气管、消声器等组成。排气装置有单排气和双排气装置两种。V形发动机有两个排气歧管，双排气系统降低了排气系统内的压力，使发动机排气顺畅，气缸中残留的废气少，因而可以提高发动机的充气效率及输出转矩。

1. 排气歧管

排气歧管的形状十分重要。为了防止各缸排气相互干扰和排气倒流，应将排气歧管做得长些，且各缸歧管应相互独立、长度相等。还有用不锈钢制造的排气歧管，其优点是质量轻,耐久性好,内壁光滑,排气阻力小。

2. 消声器

发动机的排气压力约为 $0.3\sim0.5$ MPa,温度约 $500\sim700$ ℃,这表明排气有一定的能量。同时,由于排气的间歇性,在排气管内引起排气压力的脉动。如果将发动机排气直接排放到大气中,势必产生强烈的噪声。排气消声器的功用就是通过逐渐降低排气压力和衰减排气压力的脉动来消灭排气噪声。排气消声器具有吸收、反射两种基本消声方式。吸收式消声器是通过废气在玻璃纤维、钢纤维和石棉等吸声材料上的摩擦而减小其能量。反射式消声器是由多个串联的谐调腔与不同长度的多孔反射管相互连接在一起。废气在其中经多次反射、碰撞、膨胀、冷却而降低其压力,减轻了振动。

6.2.3.3 发动机不同工况对混合气的要求

1. 过渡工况对混合气的要求

过渡工况主要有冷起动、暖车、加速等。

冷车起动时,由于发动机的转速和燃烧室壁面温度低、空气流速慢,导致汽油蒸发和雾化条件不好,因此要求发动机供给很浓的混合气。为保证冷起动顺利,要求供给的混合气过量空气系数为 $0.2\sim0.6$ 才能在气缸中产生可燃混合气。

暖机过程中,发动机随着转速的提升,温度也在逐步上升。由于发动机温度仍然较低,气缸内的废气相对在增多,混合气受到稀释,对燃烧不利,为保持发动机稳定的运行也要求浓的混合气。暖机的加浓程度,必须在暖机过程中逐渐减小,一直到发动机能以正常的混合气在稳定工况下运转为止。

汽车在加速时,节气门突然开大,进气管压力随之增加。由于液体燃料流动的惯性和进气管压力增大后燃料蒸发量减少,大量的汽油颗粒沉积在进气管壁上,形成厚油膜,这样会造成实际混合气成分瞬间被稀释,使发动机转速下降。为防止这种现象发生,要喷入进气管附加燃料,才能获得良好的加速性能。

汽车急减速时,驾驶员迅速松开加速踏板,节气门突然关闭,此时由于惯性作用使发动机仍保持很高的转速。因为进气管真空度急剧升高,进气管内压力降低,促使附着在进气管壁上燃油加速气化,造成混合气过浓。为避免这一情况发生,在发动机减速时,供给的燃料应减少。

2. 稳定工况对混合气的要求

稳定工况大致可分为息速、小负荷、中负荷、大负荷和全负荷几种。

息速工况是发动机无负荷运行,这时节气门处于全闭状态,进气管内的真空度很大。在进气门开启时,气缸内的压力可能高于进气管压力,废气膨胀进入进气管内。在进气行程中,把这些废气和新混合气同时吸入气缸,结果气缸内的混合气含有百分比较大的废气。为保证这种经废气稀释过的混合气能正常燃烧,就必须供给很浓的混合气。

6.3 燃油及空气供给系统的拆装实训

燃油供给系统零部件示意图如图 6-1 及表 6-1 所示。

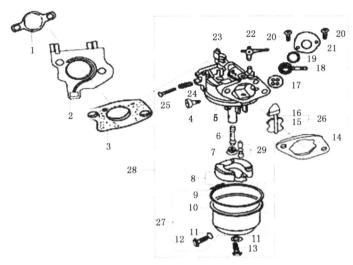

图 6-1 燃油供给系统零部件示意图

表 6-1 燃油供给系统零部件

序号	零部件名称	序号	零部件名称	序号	零部件名称
1	进气口垫片	11	浮子室放油螺钉垫圈	21	化油器开关盖
2	化油器接块	12	浮子室放油螺钉	22	阻风门开关
3	化油器垫片	13	浮子室螺钉	23	节气门组合
4	怠速调整螺钉	14	空滤器垫片	24	混合比调整螺钉弹簧
5	化油器混合室体	15	阻风门	25	混合比调整螺钉
6	主喷油管	16	阻风门轴	26	阻风门组合
7	主喷油孔	17	化油器四孔垫	27	浮子室组合
8	浮子组合	18	化油器开关手柄	28	化油器总成
9	浮子室密封垫	19	化油器开关密封圈	29	浮子油针组合
10	浮子室	20	化油器开关盖螺钉		

空气供给系统零部件示意图如图 6-2 和表 6-2 所示。

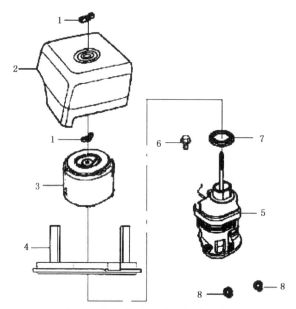

图 6-2 空气供给系统零部件示意图

表 6-2 空气供给系统零部件

序号	零部件名称	序号	零部件名称	序号	零部件名称
1	空滤器盖螺母	4	空滤器本体	7	垫圈
2	空滤器盖	5	进气管组合	8	螺母 M6(法兰)
3	滤芯组件	6	空滤器座紧固螺栓		

6.3.1 实训目的和要求

（1）进一步强化对燃油及空气供给系统的基本结构的认识,理解燃油及空气供给系统的结构组成及工作原理;

（2）掌握燃油及空气供给系统的拆卸和装配的方法、步骤和要求;

（3）掌握燃油及空气供给系统的检查方法。

6.3.2 实训设备、材料和工具

（1）四冲程单缸汽油机;

（2）常用与专用拆装工具;

（3）发动机各式量具。

6.3.3 实训内容及步骤

6.3.3.1 实训内容

（1）拆卸前观察燃油及空气供给系统各部分的组成;

（2）拆卸过程中熟悉各部件名称及工作原理;

（3）掌握各部件的装配关系。

6.3.3.2 实训步骤

1. 燃油及空气供给系统的拆卸

拆卸步骤如下：

（1）拆下空气滤清器上的蝶形螺母，取下空气滤清器外壳、滤芯等，如图 6-3 所示。

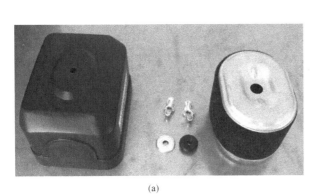 

(a)   (b)

图 6-3　空气滤清器部分实物图

（2）拆下空滤架上的两个螺母及螺栓，取下空滤架，如图 6-4 所示。

注意：在取下空滤架时注意调速手柄上的大拉簧，可以提前将大拉簧松开，另外将化油器的油路开关和风门开关调至最左边。

(a)   (b)

图 6-4　空滤架及起动器部分实物图

（3）依次取下化油器外端密封垫片、稳速拉杆、稳速弹簧、化油器、中部密封垫片、隔热板、里端密封垫片，如图 6-5 所示。

注意：拆卸稳速拉杆和稳速弹簧时需将化油器移动到合适的位置才能取下；取下化油器后，请将化油器内的汽油倒到指定的容器中。

8typical machinery教程

(a)　　　(b)

图 6-5　化油器及稳速部分实物图

2. 燃油及空气供给系统的安装

安装步骤如下：

（1）依次安装里端密封垫片、隔热板、中部密封垫片、化油器稳速拉杆、稳速弹簧和外端密封垫片。

注意：三个密封垫片不能混用，请依次安装；隔热板的安装方向要正确，并将高压线搭在隔热板上；安装稳速拉杆和稳速弹簧时先将化油器移动到合适位置。

（2）安装空滤架，利用两个螺栓和两个螺母进行固定。

注意：安装空滤架时可以先将大拉簧安装到合适位置，也可以先安装空滤架再安装大拉簧，如图 6-6 所示。

(a)　　　(b)

图 6-6　稳速部分实物图

（3）安装空气滤清器的滤芯、蝶形螺母及外壳。

72

第7章　发动机冷却及润滑系统的结构及认识

7.1　本章提示

知识目标

1. 了解风冷的结构及原理。

2. 观察发动机的机壳结构,掌握风冷各个部分的用途。

3. 熟悉润滑系统的功用,掌握润滑系统的基本组成与结构原理。

能力目标

1. 能够指出冷却系统的零部件并解释其功能。

2. 具有正确描述冷却系统工作原理的能力。

3. 具有区分发动机润滑系统的类型、识别部件的能力。

4. 结合发动机实物具有分析并判断润滑油路基本故障的能力。

7.2　冷却系统

7.2.1　冷却系统基础知识

7.2.1.1　冷却系统的功用

冷却系统的功用就是保持发动机在最适宜的温度范围内工作。目前,汽车上广泛采用的水冷式发动机正常工作温度(冷却液温度)一般为 90~105 ℃。

发动机工作时,气缸内的温度高达 1 927~2 527 ℃,若不及时冷却则部件温度过高;尤其是直接与高温气体接触的零件,会因热膨胀而影响正常的配合间隙,导致运动件受阻甚至卡死。此外,高温还会造成发动机零部件的膨胀而影响正常的配合间隙,导致机械强度下降,使润滑困难,从而造成发动机的磨损加剧,动力性和燃油经济性下降。但冷却过度会造成发动机过冷,导致散热损失及摩擦损失增加,零件磨损加剧,排放恶化,也会导致发动机功率下降及燃料消耗率增加。

当发动机工况其他条件相同时,冷却系温度降低 30 ℃ 左右时,气缸的磨损量将比正常温度时高 4~5 倍,油耗增加 30%,功率下降 10%。为此,发动机必须设置冷却系,以保证发动机在最适宜的温度下工作。

7.2.1.2　冷却介质

根据所用冷却介质不同,发动机的冷却系可分为水冷式和风冷式。

1. 水冷式

水冷式以冷却液为冷却介质,热量先由机件传给冷却液,靠冷却液的流动把热量带走而后散入大气中。散热后的冷却液再重新流回到受热机件处,适当调节水路和冷却强度,就能保持发动机的正常工作温度。同时,还可用热水预热发动机,便于冬季起动。

2. 风冷式

风冷式是利用高速流动的空气直接吹过气缸盖和气缸体外表面,把热量散到大气中去,保证发动机在最有利的范围内工作。

7.2.1.3 冷却液

冷却液是发动机冷却系统中最重要的工作介质,汽车常用的冷却液有水及加有防冻剂的防冻液。

1. 水冷却液

水冷却液是指直接用水作冷却液。但是,水的沸点低,易蒸发,需经常添加,冷却液不宜加河水、井水等含矿物质的水,以免产生水垢,导致冷却系统散热不良。水在严寒冬季易结冰,需放水过夜,否则会造成结冰时体积膨胀、胀裂机体、缸盖的严重事故。

2. 防冻液

防冻液由水、防冻剂、添加剂三部分组成。乙二醇型防冻液是用乙二醇作防冻剂,并添加少量抗泡沫、防腐蚀等综合添加剂配制而成。由于乙二醇易溶于水,可以配成各种冰点的冷却液,其最低冰点可达$-68\ ℃$,这种防冻液具有沸点高、泡沫倾向低、粘温性能好、防腐和防垢等特点。目前,国内外发动机所使用的冷却液几乎都是乙二醇型防冻液。

防冻剂中通常含有防锈剂和泡沫抑制剂。防锈剂可延缓或阻止发动机水套壁及散热器的腐蚀。泡沫抑制剂能有效地抑制泡沫的产生。在防冻剂中,一般还要加入着色剂,使冷却液呈蓝绿色或黄色,以便识别。

7.2.2 风冷式结构与原理

该实训四冲程发动机主要采用风冷系统,风冷系统由风扇、导流罩、铸在缸体和缸盖上的散热筋片、分流孔等组成。风冷发动机依靠风扇产生风,通过风罩引导风向,将发动机气缸燃烧产生的热量带走,如图7-1所示。

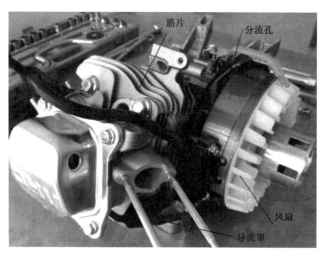

图 7-1 发动机风冷系统

风冷发动机依靠风扇产生风源,通过风罩引导风向,将发动机气缸燃烧产生的热量带走。这种发动机的结构具有如下特点：一是汽缸套外加工成散热片，以增大散热面积，提高散热效果。二是大功率发动机外装有密闭的风罩，以减小风的损失。

风冷是采用空气作冷却介质，高速流动的空气直接将高温零件的热量带走，以降低发动机的温度。风冷分自然风冷和强制风冷两种。自然风冷是利用机械运动中迎面进来的气流，直接对缸盖、缸体等机件进行冷却。为了提高散热效率，风冷式发动机采用增加发动机外表散热面积的方法，即在缸盖、缸套、缸体等的外表铸有散热片。在温度较高处，如燃烧室、排气孔附近，散热面积更大。散热片要光滑清洁，以提高散热性能；强制风冷式是用风扇提高流经散热片处的气流流速，提高冷却效果，即白发动机自身带动风扇，将气流的流速和流量提高，通过导风罩的合理分配，对缸盖、缸套、缸体等进行可靠的冷却。

风冷发动机缸体与缸套是一体或接合成无间隙的整体的。内部是活塞滑动的工作区域，外部则均匀有序地密布散热片，一般采用导热系数较高的材料压铸而成，活塞的工作热直接通过缸体传出，由散热片间的流动空气带走。

发动机风冷系统直接利用高速空气流吹过气缸体和气缸盖的外表面，把气缸内部传出来的热量直接消散到大气中去，以保证发动机在最有利的温度范围内工作。发动机的最热部分是气缸盖，为了加强冷却，大都采用铝合金铸造而成，而且气缸盖和气缸体上部的散热片也比气缸体下部的长一些。

风冷系统结构简单、质量轻、起动升温快，散热能力与气温变化不敏感，使用和维修方便等，但由于材料质量要求高、冷却强度难以调节，所以具有消耗功率较大、工作噪声较大等缺点。

7.3 润滑系的结构及认识

7.3.1 润滑系的基本知识

7.3.1.1 润滑系的功用

任何接触相互运动的摩擦表面，都存在磨损和需要润滑，即在两零件的工作表面之间加入一层润滑油使其形成油膜，将零件完全隔开，处于完全的液体摩擦状态。这样，功率消耗比损就会大为减少。

发动机的润滑是由润滑系来实现的。润滑系除了起润滑作用外，还起到清洁、冷却、密封和防锈等作用。

1. 润滑

发动机润滑系的基本任务就是将润滑油不断地供给相对运动的各零件表面，形成润滑油漠，减少零件的摩擦、磨损和功率消耗。

2. 清洁

发动机工作时，不可避免地要产生金属磨屑、空气所带入的尘埃及燃烧所产生的固体杂质等。这些杂质若进入零件的工作表面，就会形成磨料，大大加剧零件的磨损。而润滑系统通过润滑油的流动将这些磨料从零件表面冲洗下来,带回到曲轴箱,大的颗粒沉到油底壳底部,小的颗粒被机油滤清器滤出,从而起到清洁的作用。

3. 冷却

运动零件的摩擦和混合气的燃烧,使某些零件产生较高的温度。润滑油流经零件表面时可吸收其热量并将部分热量带回到油底壳散入大气中,起到冷却作用。

4. 密封

发动机气缸壁与活塞、活塞环及活塞环与环槽之间,都留有一定的间隙,并且这些零件本身也存在几何偏差。在这些零件表面上形成的油膜可以补偿上述原因造成的表面配合的微观不均匀性。由于油膜充满在可能漏气的间隙中,减少了气体的泄漏,可保证气缸的应有的压力,从而起到了密封作用。

5. 防锈

由于润滑油黏附在零件表面上,避免了零件与水、空气、燃气等的直接接触,起到了防止或减轻零件锈蚀和化学腐蚀的作用。

6. 缓冲减震

在运动零件表面形成油膜,吸收冲击并减小振动,起减震缓冲作用。

7. 液压

润滑油可用作液压油,起液压作用,如液压挺柱。

7.3.1.2 润滑方式

发动机工作时,由于各运动零件的工作条件不尽相同,因此,对负荷及相对运动速度不同的传动采用不同的润滑方式。

1. 压力润滑

对负荷大、相对运动速度高(如主轴承、连杆轴承、凸轮轴轴承等)的零件,以一定压力将机油输送到相互运动表面的间隙中进行润滑,即为压力润滑。

2. 飞溅润滑

对外露、负荷较轻、相对运动速度较小(如活塞销、气缸壁、凸轮和挺杆等)的工作表面,依靠运动零件飞溅起来的油滴或油雾进行润滑,即为飞溅润滑。某些零件(如活塞与气缸壁)虽然工作条件较差,但为了防止过量润滑油进入燃烧室而造成发动机工作恶化,也采用飞溅润滑。

3. 润滑脂润滑

对发动机辅助机构的一些零件(如水泵及发电机轴承)采用定期加注润滑脂的方法进行润滑,即为润滑脂润滑方式。近年来有采用含有耐磨润滑材料(如尼龙、二硫化钼等)的轴承代替加注润滑脂的轴承。

7.3.1.3 润滑剂

对发动机润滑剂提出的具体要求主要包括以下几个方面:在工作期间必须能及时可靠地输送到各摩擦零件的表面;在各种不同的发动机润滑油工况下都能在摩擦面上形成

足够牢固的油膜或其他形式的抗磨保护膜,从而减少摩擦和磨损;及时导出摩擦生成的热,使机件维持正常温度;可靠地密封发动机所有的间隙;从摩擦面带走磨屑和其他外来的机械杂质;本身不具有腐蚀性,并且能保护发动机零件不受外界腐蚀,以免发生腐蚀或腐蚀性磨损;在发动机零件表面形成的沉积物要少;理化性质稳定,在发动机工作过程中油的性质变化缓慢。发动机润滑油能否实现以上功能要求,主要取决于自身所具有的润滑性、粘温性、剪切安定性、低温黏度及氧化安定性、防腐性。

发动机润滑系所用的润滑剂有润滑油和润滑脂两种。发动机润滑油品种应根据发动机性能及季节气温的变化来选择。因为发动机润滑油的黏度是随温度变化而变化的,温度高则黏度小,温度低则黏度大。因此夏季气温高时要用黏度较大的发动机润滑油,否则将因润滑油过稀而不能使发动机得到可靠的润滑。冬季气温低时则要用黏度较小的发动机润滑油,否则将因机油黏度过大,流动性差而不能输送到零件摩擦表面的间隙中。在严寒地区,如何保证汽车有良好的低温起动性能是一个重要的问题,而选用合适的发动机润滑油,则是提高汽车低温时有良好起动性能的重要措施之一。

7.3.1.4 发动机润滑油的更换

发动机润滑油的换油期限应适宜,过早会造成润滑油浪费,过迟又会增大发动机磨损,缩短发动机维修周期和使用期限。一般应按照汽车使用说明书上规定的期限换油。但润滑油变质程度与汽车性能、修理技术、驾驶水平、道路和气候条件、润滑油质量等都有关系,统一规定换油期限有时并不完全合理。

一般说来,发动机润滑油的更换应依据以下三种原则。一是可以根据车辆的行驶里程(或发动机润滑油的工作时间)确定,称为定期换油;二是可以根据发动机润滑油的使用性能降低程度确定,称为按质换油;三是可以采用在发动机润滑油油质监测下的定期换油。

1. 定期换油

发动机润滑油性能的下降和质量的劣化,尤其润滑油成分组元之间发生的化学变化,主要取决于使用时间的影响。定期换油就是按行驶里程或使用时间对发动机润滑油使用性能变化的影响规律来换油。换油期依据发动机润滑油使用性能变化的影响规律来确定。换油期与发动机润滑油使用性能级别、发动机润滑油技术状况和运行条件有关。

2. 按质换油

此原则是依据对能够反映在用发动机润滑油质量的一些有代表性理化指标的测试评定,来作出是否换油的决定,在用发动机润滑油有其中一项指标达到换油指标时就应更换新油。

3. 按油质监控下的定期换油

这种方法在规定了发动机润滑油换油期的同时也监测在用油的综合指标,必要时可提前报废。

7.3.2 润滑系统的组成

润滑系统的组成如图 7-2 所示,为了保证发动机的正常润滑,该系统包括如下装置:

(1) 油底壳:用来存储润滑油,位于发动机的底部,同时还起到为润滑油散热的作用。

(2) 机油标尺:用来检查机油液位。

(3) 放油螺栓:用来排出机油。

(4) 机油报警器:用来检测机油液位。

(5) 机油加油口:用来加入机油。

(6) 密封垫片:用来密封曲轴箱。

(7) 底壳筋板:将机油底面分成两个腔体,小腔用来储存机油产生的杂质。

(8) 油勺:用来搅动机油实现飞溅润滑。

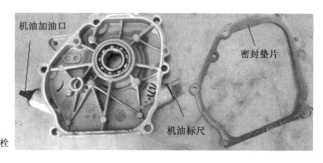

(a)   (b)

图 7-2 发动机润滑系统

第8章　发动机起动系统的结构及认识

8.1　本章提示

知识目标

1. 了解发动机起动系统的结构及原理。

2. 正确拆装发动机起动系统各部件。

能力目标

1. 能够指出起动系统的部件并解释功能。

2. 能够结合发动机实物进行点火系统分析并判断基本故障。

8.2　起动系统的结构组成

电子点火系统主要由电源、点火开关、点火线圈、点火控制器、分电器、高压线、火花塞等组成,如图 8-1 所示。

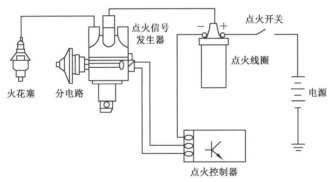

图 8-1　点火系统的组成

发动机点火线圈的组成及零部件如图 8-2 及表 8-1 所示。

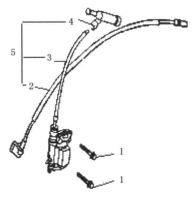

图 8-2　点火线圈零部件示意图

表 8-1　点火线圈零部件

序号	零部件名称	序号	零部件名称	序号	零部件名称
1	螺栓 M6	3	点火线圈组件	5	点火线圈组件
2	熄火线	4	火花塞帽		

发动机起动器的基本组件如图 8-3 及表 8-2 所示。

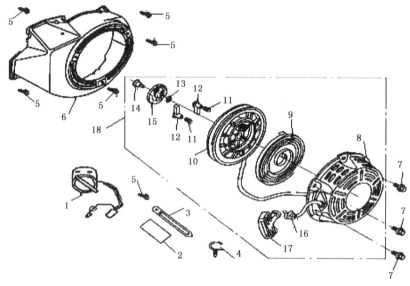

图 8-3　起动器零部件示意图

表 8-2　起动器零部件

序号	零部件名称	序号	零部件名称	序号	零部件名称
1	点火开关	7	螺栓 M6×8	13	摩擦弹簧
2	护线套	8	外壳组件	14	轴位螺钉
3	线卡	9	盘簧	15	弹簧盖
4	塑料管夹	10	起动器卷轴	16	拉绳
5	螺栓 M6×12	11	棘爪弹簧	17	拉手
6	风扇罩组件	12	棘爪	18	反冲起动器总成

8.3　起动系统的基础知识

8.3.1　起动系统的基本原理

起动系统的作用是适时地为汽油发动机气缸内已压缩的可燃混合气体提供足够能量的电火花,使发动机能及时、迅速地燃烧做功。点火系统性能的好坏对发动机的工作有十分重要的影响,故点火系统应在发动机各种工况和使用条件下,均能保证可靠而准确地点火。这就要求点火系统在发动机各种工况和使用条件下均能够迅速、及时地产生足以击穿火花塞电极间隙的高电压,所产生的火花应具有足够的能量,且点火时刻应与发动机各种工况相适应。

8.3.2 点火线圈的检验

点火线圈(见图 8-4)的检验主要包括外部检验、初次级绕组断(短)路搭铁检验以及发火强度检验。

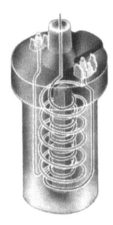

图 8-4 点火线圈示意图

(1)检查点火线圈的外表,若绝缘盖破裂或外壳破裂,因容易受潮而失去点火能力,应予以更换。

(2)初级绕组断路、短路、用万用表测量点火线圈的初级绕组、次级绕组以及附加电阻的电阻值,应符合技术标准,否则说明有故障,应予以更换。

(3)在万能试验台上检验火花强度及连续性。检查点火线圈产生的高电压时,可与分电器配合在试验台上进行试验,如果三针放电器的火花强,并能击穿 5.5 mm 以上的间隙时,说明点火线线圈发火强度良好,检验时将放电电极间隙调整到 7 mm,先以低速运转,待点火线圈的温度升高到工作温度(60～70 ℃)时,再将分电器的转速调至规定值(一般四缸、六缸发动机用的点火线圈的转速为 1900 r/min,8 缸发动机的转速为 2500 r/min),在 0.5 min 内,若能连续发出蓝色火花,表示点火线圈良好。

(4)用对比跳火的方法检验。此方法在试验台上或车上均可进行,将被检验的点火线圈与好的点火线圈分别接上进行对比,看其火花强度是否一样。点火线圈经过检验,如内部有短路、断路、搭铁等故障,或发火强度不符合要求时,一般均应更换新件。

第9章 两冲程发动机认识与拆装实训

9.1 本章提示

知识目标

1.了解两冲程发动机的基本结构及原理。

2.了解两冲程发动机与四冲程发动机在各方面的区别。

3.掌握两冲程发动机的正确拆卸与装配。

能力目标

1.具备正确认识两冲程发动机主要零部件结构及相互装配关系、装配工艺、检修工艺的能力。

2.具有按照拆装工艺正确拆装两冲程发动机,排除常见故障的能力;培养团队协作的能力。

9.2 两冲程发动机的基本原理及结构认识

9.2.1 两冲程发动机的工作原理

在工作过程中,发动机曲轴每旋转一周,活塞上、下运动各一次,完成一个做功循环,这种发动机就叫两冲程发动机。两冲程发动机的工作原理如图 9-1 所示。

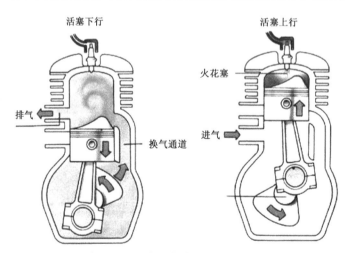

图 9-1 两冲程发动机工作原理图

在两冲程发动机的气缸体上分布有三个孔,分别是进气孔、排气孔和换气孔,这三个孔分别在一定时刻由活塞关闭。其工作循环包含两个行程:

(1)第一冲程:活塞自下止点向上移动,三个气孔同时被关闭后,进入气缸的混合气被压缩;在进气孔露出时,可燃混合气流入曲轴箱。

(2)第二冲程:活塞压缩到上止点附近时,火花塞点燃可燃混合气,燃气膨胀推动活塞下移做功。这时进气孔关闭,密闭在曲轴箱内的可燃混合气被压缩;当活塞接近下止点时排气孔开启,废气冲出;随后换气孔开启,受预压的可燃混合气冲入气缸,驱除废气,进行换气过程。

9.2.2 两冲程发动机与四冲程发动机的区别

9.2.2.1 工作原理的不同

不论是两冲程发动机还是四冲程发动机,都要经过进(扫)气、压缩、膨胀、排气四个工作过程,才能完成一个工作循环,所不同的是:

(1)在四冲程发动机中,曲轴每旋转两圈(720°),活塞往复移动两次,发动机完成一个工作循环,即每四个冲程完成一个工作循环。而在两冲程发动机中曲轴每旋转一圈(360°),活塞往复移动一次,发动机完成一个工作循环,即每两个冲程完成一个工作循环。

(2)两冲程发动机与四冲程发动机每完成一个工作循环,其进、排气门或进、排、扫气口都只开启和关闭一次,但其开启和关闭的时间周期不同。

9.2.2.2 总体布置的区别

(1)四冲程发动机具有一套复杂的气门式配气机构,由凸轮轴控制气门定时开启、关闭,来完成进、排气过程。两冲程发动机的配气机构是利用活塞在排气口和扫气口的开闭来完成扫气、排气过程的。

(2)两冲程发动机的扫气、排气都在活塞下止点附近进行,气口都在气缸的下端,以下止点为对称布置,而四冲程发动机的配气机构设置在气缸盖上(或气缸体的侧面)。

(3)两冲程发动机一般采用混合润滑方式或分流润滑方式,四冲程发动机一般都采用压力润滑与飞溅润滑相结合的润滑方式。

9.2.2.3 零部件结构上的差异

(1)两冲程发动机大多采用曲轴箱扫气,因此,在曲轴箱上开有进气窗口,作为混合气进入曲轴箱的通道。它的开闭常用簧片阀、旋转阀或活塞阀来控制。由于曲轴箱里容纳来自化油器的混合气,因此,要求曲轴箱具有较好的气密性。四冲程发动机曲轴箱有压力油道或油管等。

(2)两冲程发动机在气缸体下部设有排气门和扫气口,有的还有进气口。

(3)两冲程发动机的气缸盖结构简单,没有进气口、排气口及配气机构,也没有润滑油道。四冲程发动机的气缸盖是一个非常复杂的部件,上面有进气口、排气口、气道、润滑油道和安装在它上面的气门、气门导管、气门弹簧、摇臂轴、凸轮轴及其驱动机构等,还需有化油器(或进气管)和排气管、消声器等的安装孔座。

(4)两冲程发动机的活塞环只有气环,没有油环,而四冲程发动机的活塞环既有气环,也有油环。

(5)两冲程发动机的活塞裙部相对于四冲程发动机的活塞裙部要长些,同时两冲程发动机的活塞裙部开有窗口或缺口,以便于气缸体构成进气或扫气通道。两冲程发动机活塞的环槽内压有直径为 1.5~2 mm 的销子,限制气环转动,以防止环开口转到气口位置时拉伤活塞表面甚至使环折断。

9.2.3　两冲程发动机性能上的特点

两冲程发动机性能上的主要特点有以下几点：

（1）两冲程发动机曲轴每旋转一圈，就有一个做功冲程。因此，在转速、进气条件等因素相同的条件下，理论上讲两冲程发动机所能产生的功率应等于相同工作容积四冲程发动机所产生的功率的2倍。但因两冲程发动机的废气排出不完全，同时，由于扫气口先于排气口关闭而产生额外排气，所以实际上，两冲程发动机并不能等于四冲程发动机的2倍，而是1.5～1.7倍。

（2）由于两冲程发动机的换气过程中有一部分可燃混合气随废气一同排出，因而燃油和润滑油消耗量都大。

（3）由于两冲程发动机的换气时间短促，换气不完善，因而缸内残余废气较多，低速失火率高，燃烧情况差，如上所讲在换气过程中部分可燃混合气未参与燃烧就随废气排出去，因此排放污染严重，污染物中的 HC 值远高于四冲程发动机。

（4）由于两冲程发动机做功冲程频率大，故工作较平稳。

（5）由于两冲程发动机做功冲程频繁，每转皆需燃烧一次，因此发动机各零部件受热程度比四冲程发动机高得多，特别是活塞更为严重。

综上所述，两冲程发动机没有阀，大大简化了结构，减轻了自身的重量；发动机每一回转点火一次，这就赋予了两冲程发动机重要的动力基础；两冲程发动机可在任何方位上运转，这在某些设备上非常重要。这些优点使两冲程发动机更加轻便、简易、制造成本低廉。两冲程发动机另外还具有将双倍的动力装进同一空间内的潜力，因为每一回转它有双倍的动力冲程，轻便和双倍动力的结合使它与许多四冲程发动机相比具有惊人的推重比。

近年来随着政府机构对机动车辆尾气排放的关注，制定了严格的排放法规，所以在选择配装两冲程还是四冲程汽油机的车辆时，必须根据自身经济条件、所处的使用环境及市场情况，全盘衡量，作出最合适的选择。

9.3　两冲程发动机的拆装实训

9.3.1　实训目的和要求

（1）通过对实物的拆装，使学生进一步熟悉和巩固两冲程发动机的构造、原理等知识；

（2）熟悉两冲程发动机总成拆装步骤及主要零部件的检修方法；

（3）通过对两冲程发动机的拆装理解各部件的工作原理。

9.3.2　实训设备、材料和工具

（1）两冲程发动机；

（2）常用与专用拆装工具；

（3）发动机各式量具。

9.3.3 实训内容和步骤

9.3.3.1 实训内容

（1）拆卸前观察两冲程发动机各部分结构组成；

（2）拆卸中熟悉各部件名称及工作原理；

（3）掌握各部件的装配关系。

9.3.3.2 实训步骤

1. 两冲程发动机的拆卸

两冲程发动机实物整体图如图 9-2 所示。

(a)   (b)

图 9-2 两冲程发动机整体实物

具体拆装步骤如下：

（1）拆卸固定红色外壳的螺栓，将红色外壳取下，如图 9-3 所示。

注意：在取下红色外壳时请注意先将火花塞帽拔出，排气烟囱转至合适的角度以防发生干涉。

图 9-3 红色外壳取下后实物图

（2）拆下空滤外壳的螺栓，打开空滤壳，取出滤芯和滤网，如图 9-4 所示。

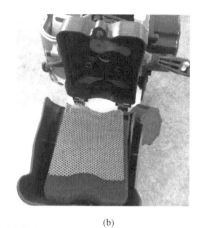

(a)   (b)

图 9-4 滤芯和滤网拆装实物图

（3）拆下固定空气滤清器与化油器的连接螺栓，取下空气滤清器壳、进气口垫片及化油器，如图 9-5 所示。

（4）拆下连接隔热板与气缸体的螺栓，取下隔热板与进气口垫片，如图 9-6 所示。

图 9-5 拆卸化油器部分实物图   **图 9-6 拆卸隔热板部分实物图**

（5）拆下连接消音器的螺栓，取下消音器及隔热垫片，如图 9-7 所示。

(a)   (b)

图 9-7 拆卸消音器部分实物图

（6）拆卸连接气缸的螺栓，取下气缸体，露出活塞部分，如图 9-8 所示。

(a)

(b)

图 9-8　拆卸气缸部分实物图

（7）拆卸起动器连接螺栓，取下起动器及垫片，如图 9-9 所示。

(a)

(b)

图 9-9　拆卸起动器部分实物图

（8）拆卸油箱连接螺栓，分离油箱及曲轴箱，如图 9-10 所示。

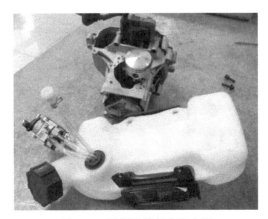

图 9-10　拆卸油箱部分实物图

拆卸两冲程发动机各部件过程中,仔细观察部件之间的装配关系,并思考以下问题:

(1) 两冲程发动机的冲程是如何实现的? 对照实物掌握其工作原理。

(2) 观察化油器的结构,了解其工作原理。

(3) 观察起动器的结构,了解其工作原理。

2. 两冲程发动机的安装

两冲程发动机的安装步骤与拆卸步骤相反,依次安装各零件即可。安装步骤如下:

(1) 安装连接油箱及曲轴箱的螺栓,将油箱安装到正确位置。

注意:请正确区分油箱的前后位置,切忌将油箱安反。

(2) 安装起动器连接螺栓,请注意垫片的位置,将其与定位销安装到正确位置。

(3) 将活塞与气缸体连接,然后用连接螺栓加以固定。

注意:在连接活塞与气缸体时,请将气环的开口位置移动到定位销的位置,否则气环安装会出现错误。

(4) 安装消音器的螺栓,并将隔热垫片安装到正确位置。

(5) 安装进气口隔热板和垫片,请注意垫片的开口位置。

(6) 分别将进气口垫片与化油器安装到合适位置,然后安装空滤外壳。

注意:请将进气口垫片的方向安装正确。

(7) 将滤芯与滤网安装到空滤外壳中,并用螺栓连接空滤外壳。

(8) 安装红色外壳的连接螺栓,然后将高压帽与火花塞连接,将出气口与消音器连接。

注意:安装红色外壳时,应先将其与进气口隔热板配合正确后再进行螺栓连接。

钻铣床篇

第10章 钻铣床的整体认识

10.1 本章提示

知识目标

1.了解钻铣床的基础知识。

2.了解钻铣床的工作原理、总体构造及主要用途。

3.熟悉钻铣床拆装实训的注意事项。

能力目标

1.具有初步了解钻铣床的类型、用途等基础知识的能力。

2.具有一定的安全操作意识和规范,正确使用工具及合理拆装。

10.2 钻铣床的基础知识

10.2.1 钻铣床的基础介绍

钻铣床是集钻、铣、镗、磨于一体的机床设备,应用于中小型零件加工。

钻铣床工作台可纵、横向移动,主轴垂直布置,通常为台式、机头可上下升降,钻铣床具有钻、铣、镗、磨、攻丝等多种切削功能。主轴箱可在垂直平面内左右回转90°,部分机型工作台可在水平面内左右回转45°,多数机型工作台可纵向自动走刀。钻铣床适用于各种中小型零件加工,特别是有色金属材料、塑料、尼龙的切削,具有结构简单、操作灵活等优点,广泛用于单件或是成批的机械制造、仪表工业、建筑装饰和修配部门。

对于单独用途的钻床和铣床有很多种类,下面章节对不同种类的钻床和铣床分别予以介绍。

10.2.1.1 钻床

1.钻床的功用

钻床是孔加工机床,主要用于加工外形复杂、没有对称回转轴线的工件上的孔或孔系,如杠杆、盖板、箱体、机架等零件上的各种用途的孔。通常钻头旋转为主运动,钻头轴向移动为进给运动。

钻床一般用于加工尺寸较小、精度要求不太高的孔,如各种零件上的连接螺钉孔等。它主要是用钻头在实心材料上钻孔,此外还可进行扩孔、铰孔、攻丝、锪孔、锪埋头孔和锪孔口端面等工作,加工过程中工件不动,让刀具移动,将刀具中心对正孔中心,并使刀具转动(主运动),如图 10-1 所示。钻床进行加工时,工件一般固定不动,而刀具一方面做旋转主运动,另一方面沿其轴线移动,做进给运动。钻床的主参数是最大钻孔直径,其主要类型有:立式钻床、台式钻床、摇臂钻床、专门化钻床等。

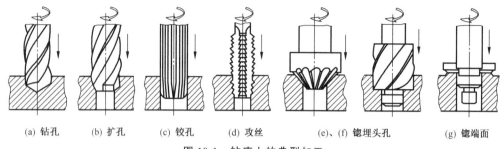

| (a) 钻孔 | (b) 扩孔 | (c) 铰孔 | (d) 攻丝 | (e)、(f) 锪埋头孔 | (g) 锪端面 |

图 10-1　钻床上的典型加工

2. 钻床常见类型

（1）台式钻床。适用单件小批生产，主要用于加工直径小于 13 mm 的孔，也可攻螺纹。台式钻床结构简单，易于操作，但主轴轴向进给靠手工操作，劳动强度大。

（2）立式钻床。立式钻床的特点是主轴垂直安置，主轴轴线在水平面上的位置是固定的，加工时为使刀具旋转轴线与被加工孔中心线重合，必须移动工件。因此，立式钻床只适于加工中小型工件上的孔。

如图 10-2 所示为某立式钻床一种布局形式，它主要由主轴箱、立柱、工作台和底座等组成。主轴箱 3 装有主轴部件以及操纵机构等，可使主轴 2 获得所需的转速和进给量。加工时，主轴箱固定不动，而由主轴随同主轴套筒在主轴箱中作直线移动来实现进给运动。利用装在主轴箱上的进给操纵机构 5，可以很方便地使主轴实现手动快速升降，手动进给和接通、断开机动进给。进给操纵机构具有定程切削装置，当接通机动进给，钻孔至预定深度时，能自动控制断开进给运动传动链，停止机动进给；或攻丝至预定深度时，控制主轴反转，使丝锥自动从螺孔中退出；被加工工件直接或通过夹具安装在工作台 1 上。工作台和主轴箱都装在方形立柱 4 的垂直导轨上，可上下调整位置，以适应加工不同高度的工件。

适用于在中小型工件上进行钻孔、扩孔、铰孔和攻螺纹。立式钻床可以自动进给，操作简便，但每加工完一个孔后，需移动工件，使其对准下一个孔的位置再加工，劳动强度大。

（3）摇臂钻床。在立式钻床上，每加工一个孔需要移动工件一次，这对于较大且较重的工件，不仅费时多，劳动强度大，且不易保证加工精度，因此，大中型工件上的孔需采用摇臂钻床来加工。摇臂钻床与立式钻床的区别是，其主轴可以很方便地在水平面上调整位置，使刀具对准被加工孔的中心，而工件则固定不动。

摇臂钻床的形式很多，如图 10-3 所示为生产中应用最普遍的一种摇臂钻床（基型）。它由底座、立柱、摇臂和主轴箱等部件组成。主轴箱 4 装在可绕垂直轴线回转的摇臂 3 的水平导轨上，通过主轴箱在摇臂上的径向移动以及摇臂的回转，可以很方便地将主轴 5 调整至机床尺寸范围内的任意位置。为了适应加工不同高度工件的需要，摇臂可沿立柱 2 上下移动以调整位置。工件根据其尺寸大小，可以安装在工作台 6 上，或直接安装在底座 1 上。

摇臂钻床适用于单件小批生产,主要用于钻孔、扩孔、铰孔和攻螺纹。工件经一次装卡后,就能顺序加工各个不同位置的孔。机床的变速机构、摇臂升降、回转及夹紧可由液压传动来实现,使用方便,生产率高。

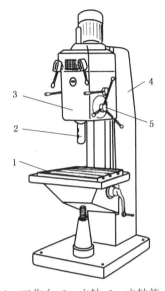

1—工作台;2—主轴;3—主轴箱;
4—立柱;5—进给操纵机构

图 10-2　立式钻床

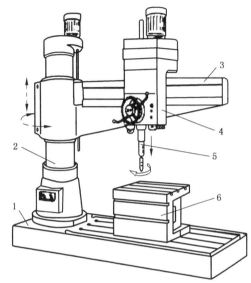

1—底座;2—立柱;3—摇臂;4—主轴箱;
5—主轴;6—工作台

图 10-3　摇臂钻床

(4)可调式多轴立式钻床。适用于多孔工件的成批生产。工件安装在工作台上,主轴轴线位置可根据加工孔的位置进行调整,以适应多孔同时加工,多轴箱可沿立柱上下移动,并完成半自动工作循环,生产效率高。

3.钻床操作规程

钻床的操作规程主要有以下几点:

(1)工作前必须全面检查各部操作机构是否正常,将摇臂导轨用细棉纱擦拭干净并按润滑油牌号注油。

(2)摇臂和主轴箱各部锁紧后,方能进行操作。

(3)摇臂回转范围内不得有障碍物。

(4)正确选用主轴转速、进刀量,不得超载使用。

(5)超出工作台进行钻孔时,工件必须平稳。

(6)机床在运转及自动进刀时,不许变换速度,若变速只能待主轴完全停止,才能进行。

(7)装卸刀具及测量工件,必须在停机后进行,不许直接用手拿工件钻削、不得戴手套操作。

(8)工作中发现有不正常的响声,必须立即停车检查排除故障。

10.2.1.2　铣床

1.铣床的功用

铣床主要指用铣刀对工件多种表面进行加工的机床。铣床是一种用途广泛的机床，在铣床上可以加工平面(水平面、垂直面)、沟槽(键槽、T形槽、燕尾槽等)、分齿零件(齿轮、花键轴、链轮)、螺旋形表面(螺纹、螺旋槽)及各种曲面。此外，还可用于对回转体表面、内孔加工及进行切断工作等。铣床在工作时，工件装在工作台上或分度头等附件上，铣刀旋转为主运动，辅以工作台或铣头的进给运动，工件即可获得所需的加工表面。由于是多刃断续切削，因而铣床的生产率较高。简单来说，铣床可以对工件进行铣削、钻削和镗孔加工，如图10-4所示。铣床的运动有铣刀的旋转主运动和工件的进给运动。一般情况下，铣床具有相互垂直的3个方向上的调整移动功能，其中任何一个方向也可成为进给运动。

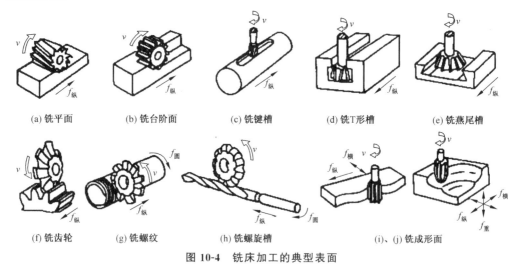

| (a) 铣平面 | (b) 铣台阶面 | (c) 铣键槽 | (d) 铣T形槽 | (e) 铣燕尾槽 |

| (f) 铣齿轮 | (g) 铣螺纹 | (h) 铣螺旋槽 | (i)、(j) 铣成形面 |

图 10-4　铣床加工的典型表面

2.铣床的类型

铣床的类型很多，根据其结构特点与用途，有升降台式铣床、龙门铣床、工具铣床、仿形铣床。此外，还有仪表铣床、专门化铣床(包括键槽铣床、曲轴铣床、凸轮铣床)等。

(1) 立式升降台铣床

立式升降台铣床与卧式升降台铣床的主要区别是它的主轴是垂直放置的。如图10-5所示为常见的一种立式升降台铣床，它的铣头1可根据加工要求在垂直平面内调整角度，主轴2可沿轴线方向进给或调整移动，升降台5、床鞍4和工作台3的结构与卧式升降台铣床相同。这种铣床可用端铣刀或立铣刀加工平面、斜面、沟槽、台阶、齿轮等。

(2) 万能升降台铣床

如图10-6所示，X6132型万能卧式升降台铣床由底座、床身、悬梁、刀杆支架、主轴、工作台、床鞍、升降台、回转盘等组成。床身2固定在底座1上，床身内装有主轴部件、主变速传动装置及其变速操纵机构。悬梁3可在床身顶部的燕尾导轨上沿水平方向调整前后位置。悬梁上的刀杆支架4用于支承刀杆，提高刀杆的刚性。升降台8可沿床身前侧面的垂直导轨上、下移动,升降台内装有进给运动的变速传动装置、快速传动装置及其操纵机构。升降台的水平导轨上装有床鞍 7,可沿主轴轴线方向的移动(亦称横向移动)。床鞍 7 上装有回转盘 9,回转盘上面的燕尾导轨上又装有工作台 6。因此,工作台可沿导轨作垂直于主轴轴线方向的移动(亦称纵向移动);同时,工作台通过回转盘可绕垂直轴线在 ±45° 范围内调整角度,以铣削螺旋表面。

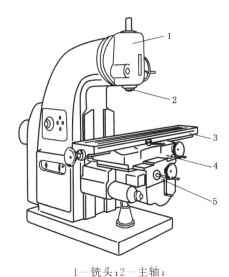

1—铣头;2—主轴;

3—工作台;4—床鞍;5—升降台

图 10-5 立式升降台铣床外形图

1—底座;2—床身;3—悬梁;4—支架;5—主轴;

6—工作台;7—床鞍;8—升降台;9—回转盘

图 10-6 X6132 万能升降台铣床外形图

(3) 龙门铣床

龙门铣床是一种大型高效能铣床,如图 10-7 所示。它的结构呈"龙门"框架式,具有较高的刚度和抗震性。在横梁和立柱上装有铣头,每个铣头都是一个独立部件,其中包括单独的驱动电机、变速传动机构、主轴部件、操纵机构等。横梁 3 上的两个垂直铣头 4 和 8 可在横梁 3 上沿水平方向调整位置。横梁 3 及立柱上的两个水平铣头 2 和 9 可沿立柱上的导轨调整其垂直位置。各铣刀可由主轴套筒带动沿轴向移动调整位置。加工时,工作台 1 连同工件作纵向进给运动,其余运动由铣头实现。龙门铣床主要用于加工大、中型工件上的平面和沟槽。由于可用多把铣刀同时加工几个表面,所以生产率很高,在成批大量生产中得到广泛应用。

(4) 万能工具铣床

如图 10-8 所示为万能工具铣床的外形图,其横向进给运动由主轴座的移动来实现,纵向及垂直进给运动由工作台及升降台的移动来实现。万能工具铣床除了能完成卧式铣床和立式铣床的工作外,配备固定工作台、回转工作台、分度头、立铣头等附件后,可在很大程度上增加机床的工艺范围,适用于工具、刀具、模具等各种形状复杂零件的加工。

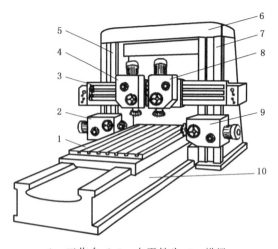

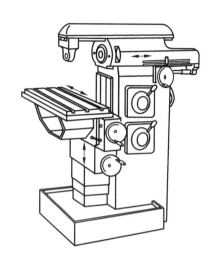

1—工作台;2、9—水平铣头;3—横梁;

4、8—垂直铣头;5、7—立柱;6—顶梁;10—床身

图 10-7　龙门铣床外形图　　　　　图 10-8　万能工具铣床外形图

3.铣刀的分类

铣刀按用途区分有多种常用的形式:

(1)圆柱形铣刀:用于卧式铣床上加工平面。刀齿分布在铣刀的圆周上,按齿形分为直齿和螺旋齿两种。按齿数分粗齿和细齿两种,螺旋齿粗齿铣刀齿数少,刀齿强度高,容屑空间大,适用于粗加工;细齿铣刀适用于精加工。

(2)面铣刀:用于立式铣床、端面铣床或龙门铣床上加工平面,端面和圆周上均有刀齿,也有粗齿和细齿之分,其结构有整体式、镶齿式和可转位式 3 种。

(3)立铣刀:用于加工沟槽和台阶面等,刀齿在圆周和端面上,工作时不能沿轴向进给。当立铣刀上有通过中心的端齿时,可轴向进给(通常双刃立铣刀又被称为"键槽铣刀"可轴向进给)。

(4)三面刃铣刀:用于加工各种沟槽和台阶面,其两侧面和圆周上均有刀齿。

(5)角度铣刀:用于铣削成一定角度的沟槽,有单角和双角铣刀两种。

(6)锯片铣刀:用于加工深槽和切断工件,其圆周上有较多的刀齿。为了减少铣切时的摩擦,刀齿两侧有 $15'\sim1°$ 的副偏角。此外,还有键槽铣刀、燕尾槽铣刀、T 形槽铣刀和各种成形铣刀等。

铣刀按照结构可分为以下几种:

(1)整体式:刀体和刀齿制成一体。

(2)整体焊齿式:刀齿利用硬质合金或其他耐磨刀具材料制成,并钎焊在刀体上。

(3)镶齿式:刀齿用机械夹固的方法紧固在刀体上,这种可换的刀齿可以是整体刀具材料的刀头,也可以是焊接刀具材料的刀头。刀头装在刀体上刃磨的铣刀称为体内刃磨式;刀头在夹具上单独刃磨的称为体外刃磨式。

(4)可转位式:这种结构已广泛用于面铣刀、立铣刀和三面刃铣刀等。

4. 铣床操作规程

（1）装卸工件，必须移开刀具，切削中头、手不得接近铣削面。

（2）使用铣床对刀时，必须慢进或手摇进，不许快进，走刀时不准停车。

（3）快速进退刀时注意铣床手柄是否会打人。

（4）进刀不许过快，不准突然变速，铣床限位挡块应调好。

（5）上下及测量工件、调整刀具、紧固变速，均必须停止铣床。

（6）拆装立铣刀，工作台面应垫木板，拆平铣刀扳螺母，用力不得过猛。

（7）严禁手摸或用棉纱擦转动部位及刀具，禁止用手去托刀盘。

（8）一般情况下，一个夹头一次只能夹一个工件。因为一个夹头一次夹一个以上的工件，即使夹得再紧，粗进刀时受力很大，两个工件之间很容易滑动，导致工件飞出，刀碎、伤人事故。

10.2.2 孔加工刀具

在机械加工中，孔加工刀具应用十分广泛，种类较多。孔加工刀具大体可以分为两大类：一类用于在实体材料上钻孔，另一类用于对工件上已有的孔进行再加工。但是孔加工刀具的共同特点是由于受孔径限制，又是在工件内部加工，刀具的刚度及强度差，排屑、冷却及润滑困难，因此如何解决这些问题是设计和使用孔加工刀具时应优先考虑的问题。

10.2.2.1 麻花钻

麻花钻是一种最常用的孔加工刀具。据统计，其钻孔工作量占机械加工工作量的33%左右，各国钻头的产量占刀具总产量的60%左右。钻头主要用来钻孔，也可以用来扩孔。

麻花钻的结构由三部分组成：柄部、颈部及工作部分，如图 10-9a、b 所示。柄部用于装夹钻头和传递扭矩；颈部用于连接柄部及工作部分，也是打印标记的地方；工作部分又分为导向部分和切削部分。

1. 导向部分

导向部分由两条螺旋形刃瓣组成，为保证钻头有一定的强度，用钻芯将两个螺旋刃瓣连接为一体。以钻芯厚度为直径画一个假想圆，此圆的直径称为钻芯直径 d_c，一般 $d_c=(0.125\sim0.15)d_0$（d_0 为钻头外径）。为保证钻头有足够的刚度和加工稳定性，钻芯直径向钻柄方向是逐渐增加的，其钻芯增量为 $(1.4\sim1.8)$mm/100 mm。每个刃瓣上各有一条螺旋形圆柱刃带，以防止偏钻。为了减少与孔壁的摩擦，刃带的外圆直径向柄部方向是逐渐减小的，减小量为 $(0.03\sim0.12)$mm/100 mm。因此在钻刃外缘处的刃带将参加切削工作并成为副切削刃，导向部分又是切削部分的后备部分。

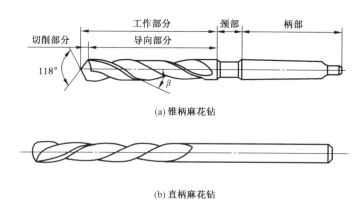

(a) 锥柄麻花钻

(b) 直柄麻花钻

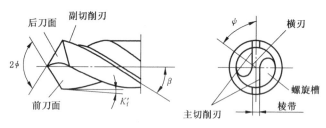

(c) 麻花钻切削部分

图 10-9　麻花钻的结构

2. 切削部分

如图 10-9c 所示,切削部分有两条主切削刃、两条副切削刃及一条横刃。主切削刃是螺旋前面和主后面的交线;副切削刃是螺旋前面与钻头外转角处螺旋圆柱刃带的交线;横刃是在刃磨两主后面时自然形成的两主后面的交线。横刃对称于钻心,两边的切削速度方向不同,故实际上是两段切削刃。

麻花钻的主要结构参数是指决定钻头几何形状及切削性能的独立参数,它主要包括以下几项:

(1) 外径 d_0。钻头的外径即刃带的外圆直径,它按标准尺寸系列设计。

(2) 钻芯直径 d_c。它决定钻头的强度及刚度并影响容屑空间的大小。

(3) 顶角(或锋角、钻尖角)。它是两条主切削刃在与它们平行的平面上投影之间的夹角。它决定钻刃长度及刀刃负荷情况,顶角应根据加工材料选取,加工钢、铸铁等材料时,一般顶角为 116°～120°。

(4) 螺旋角 β。它是圆柱螺旋形刃带与钻头轴线的夹角,如图 10-9c 所示,它直接影响钻头前角的大小、刀刃强度及钻头的排屑性能。它应根据工件材料及钻头直径的大小来选取,加工钢、铸铁等材料,钻头直径 $d_0 > 10$ mm 以上时,$\beta = 25°～33°$。

10.2.2.2　扩孔钻

扩孔钻通常用作铰孔或磨孔前的预加工及毛坯孔的扩大,与麻花钻相比扩孔钻没有横刃,刀体强度及刚度好,刀齿多,加工余量小,切削平稳。加工精度可达 IT10～IT11,加

工表面粗糙度 Ra 为 $3.2\sim6.3\ \mu m$。

扩孔钻的结构有高速钢整体式(见图 10-10a)、镶齿套式(见图 10-10b)及镶硬质合金套式(见图 10-10c)等。

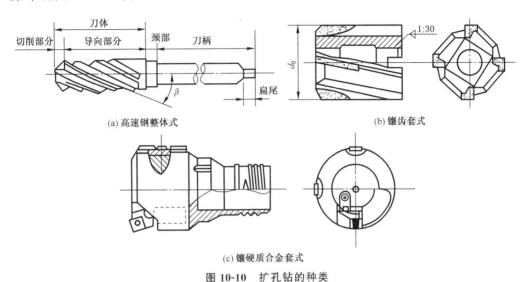

(a) 高速钢整体式   (b) 镶齿套式

(c) 镶硬质合金套式

图 10-10　扩孔钻的种类

10.2.2.3　铰刀

它是孔的半精加工及精加工刀具,加工余量小,刀齿多,又有较长的修光刃,因此加工精度及表面质量都很高。

铰刀一般可分为手用铰刀及机用铰刀两种。手用铰刀分为整体式(见图 10-11a)和可调式(见图 10-11b)两种;机用铰刀同样也分为整体式(见图 10-11c)及套装式(见图 10-11d)。加工圆柱孔时用圆柱铰刀;加工圆锥孔时则用圆锥铰刀(见图 10-11e、f)。

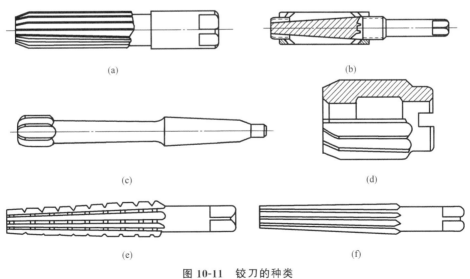

(a)　(b)　(c)　(d)　(e)　(f)

图 10-11　铰刀的种类

10.3　小型立式钻铣床的基本结构

　　钻铣床的调速方法主要有三种,分别是手工扳动皮带轮,调节皮带位置调速;齿轮传动调速;电器控制电磁离合器调速。本实训课程所拆装的钻铣床结构如图 10-12 所示,为了满足不同加工方法的需求主轴转速必须可调。本次实训的小型立式钻铣床采用两级带轮调速,可实现 12 种不同主轴转速。

(a)　　　　　　　　　　　　　　　　　(b)

图 10-12　小型立式钻铣床的实物图

第11章 钻铣床传动装置的认识与拆装实训

11.1 本章提示

知识目标

1. 了解带传动的组成与类型,掌握 V 带的结构。

2. 正确认识带传动的打滑与弹性滑动的概念及形成原因。

3. 了解带传动的张紧方法。

4. 掌握带传动的正确拆卸与安装方法。

能力目标

1. 培养学生对机床传动装置的基本结构及工作原理的认识能力。

2. 使学生通过对传动装置的拆卸和组装,深入理解带传动的设计理念。

11.2 传动装置的基本结构及组成

机床的传动装置是一种在一定距离间传递能量并且实现某些其他作用的装置。传动装置的作用是能量的分配、转速的改变和运动形式的改变(如转动变为直线运动)等。

传动装置是机器的主要组成部分。机械传动分为啮合传动和摩擦传动。摩擦传动具有变速范围大、机构简单、制造容易、制造成本低、有过载保护能力、噪声较低等特点,但是精度一般。

11.2.1 带传动的组成与类型

带传动的结构如图 11-1 所示,一般由主动轮 1、从动轮 2 和传动带 3 组成。按照带和轮之间传递动力和运动的原理不同,带传动可以分成两大类,即摩擦型带传动(见图 11-1a)和啮合型带传动(见图 11-1b)。

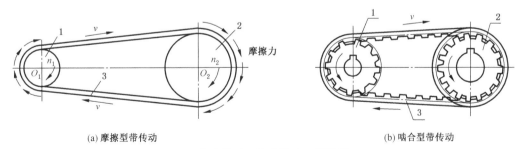

(a) 摩擦型带传动　　　　　　　　　　　　(b) 啮合型带传动

1—主动轮;2—从动轮;3—传送带

图 11-1 带传动结构图

摩擦型带传动靠带与带轮之间的摩擦力传递运动和动力;工作时传动带以一定的初拉力 F_0 紧套在带轮上,在 F_0 的作用下,带与带轮的接触面间产生正压力,当主轮 1 回转时,接触面间产生摩擦力,主动轮靠摩擦力使传动带 3 与其一起运动。同时,传动带靠摩擦力驱使从动轮2与其一起转动,从而使主动轴上的运动和动力通过传动带传递给了从动轴,而同步带传动通过带齿与轮齿的啮合传递运动和动力,与摩擦型带传动相比,同步带传动兼有带传动、链传动和齿轮传动的一些特点。

11.2.2 摩擦型带传动的特点及应用

摩擦型带传动的主要特点如下:

(1) 传动带具有弹性和挠性,可吸收振动并缓和冲击,从而使传动平稳、噪声小。

(2) 当过载时,传动带与带轮间可发生相对滑动而不损伤其他零件,起过载保护作用。

(3) 适合于主、从动轴间中心距较大的传动。

(4) 由于有弹性滑动存在,故不能保证准确的传动比,传动效率较低。

(5) 张紧力会产生较大的压轴力,导致轴和轴承受力较大,传动带寿命降低。

(6) 摩擦易产生静电火花,不适合高温、易燃、易爆等场合。

因此摩擦型带传动适用于传动中心距大、对传动比准确性要求不高、中小功率的高速传动场合。

11.2.3 摩擦型传动带的类型

靠摩擦力工作的传动带按截面形状不同主要分为平带、V 带(如普通 V 带、窄 V 带、联组 V 带)和特殊带(如多楔带、接头 V 带和圆形带),如图 11-2 所示。

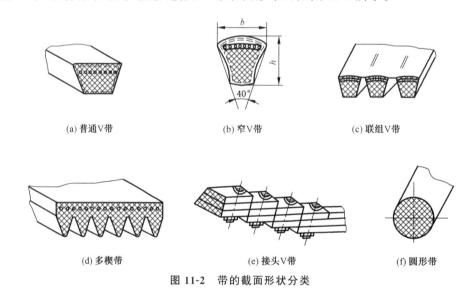

(a) 普通V带　　　　(b) 窄V带　　　　(c) 联组V带

(d) 多楔带　　　　(e) 接头V带　　　　(f) 圆形带

图 11-2　带的截面形状分类

V 带的横截面呈梯形,由胶帆布、顶胶、缓冲胶、芯绳、底胶等组成,如图 11-3 所示。根据结构 V 带分为包边 V 带和切边 V 带两种。胶帆布由涂胶的帆布制成,它能增强带的强度,减小带的磨损;顶胶层、底胶层和缓冲胶由橡胶制成,在胶带弯曲时,顶胶层受拉,底胶层受压;芯绳是 V 带的骨架层,用来承受纵向拉力,它由一排粗线绳组成,线绳采用聚酯等纤维材料制成。

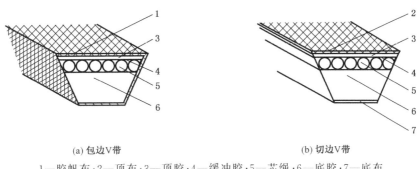

(a) 包边V带　　　　　　　　　　　　(b) 切边V带

1—胶帆布;2—顶布;3—顶胶;4—缓冲胶;5—芯绳;6—底胶;7—底布

图 11-3　V 带的结构

11.2.4　带传动的弹性滑动和打滑现象

11.2.4.1　弹性滑动

由于带是弹性体,其弹性变形伸长量因松紧边的拉力不同而不同,如图 11-4 所示。当带的紧边在点 b 进入主动轮时,带速与带轮圆周速度相等,皆为 v_1。带随带轮的点 b 转到点 c 离开带轮时,其拉力逐渐由 F_1 减小到 F_2,从而使带的弹性伸长量也相应地减少,即带相对带轮向后缩了一点。而带速 v 也逐渐落后于带轮圆周速度 v_1,到点 c 后带速 v 降到 v_2。同样,当带绕过从动轮时,带所受的拉力由 F_2 逐渐增大到 F_1,其弹性伸长量逐渐增加,致使带相对带轮向前移动一点,而带速 v 也逐渐大于从动轮圆周速度 v_2,即 $v_2 < v < v_1$。这种由松紧边带的弹性变形量不同而引起带与带轮之间的相对滑动现象称为弹性滑动。弹性滑动是摩擦型带传动中不可避免的现象,是正常工作时固有的特性。

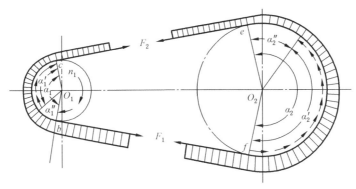

图 11-4　带传动中的弹性滑动

弹性滑动会引起下列后果:

(1) 从动轮的圆周速度总是落后于主动轮的圆周速度,并随载荷而变化,导致带传动的传动比不准确。

(2) 损失一部分能量,降低了传动效率,会使带的温度升高,并引起传动带磨损。

11.2.4.2　打滑

在正常情况下,并不是全部接触弧上都发生弹性滑动。接触弧可分为有相对滑动的滑动弧和无相对滑动的静弧两部分,两段弧所对应的中心角分别称为滑动角 α' 和静角

α″。静弧总是发生在带与带轮同速度的接触区域(见图11-4)。

带不传递载荷时,滑动角为零。随着载荷的增加,滑动角 α′逐渐增大,而静角 α″则逐渐减小。当滑动角 α′增大到 $α_1$ 时,达到极限状态,带传动的有效圆周力达到最大值。若传递的外载荷超过最大的有效圆周力,带就在带轮上发生显著的相对滑动现象,即打滑。

打滑将造成带的严重磨损,并使带的运动处于不稳定状态,导致传动失效。带在大轮上的包角大于小轮上的包角,所以打滑总是在小轮上先开始。打滑是由于过载引起的,因而避免过载就可避免打滑,另外打滑也可起过载保护的作用。

11.2.5 带传动的张紧及安装

传动带不是完全的弹性体,经过一段时间运转后,会因伸长而松弛,从而初拉力 F_0降低,使传动能力下降甚至丧失。为保证必需的初拉力,需对带进行张紧。常见的张紧装置有定期张紧装置、张紧轮张紧装置和自动张紧装置3种。

11.2.5.1 定期张紧装置

定期张紧装置是利用定期改变中心距的方法来调节传动带的初拉力,使其重新张紧。在水平或倾斜不大的传动中,可采用如图11-5a所示滑道式结构。电动机装在机座的滑道上,旋动调整螺杆推动电动机,调节中心距以控制初拉力,然后固定。在垂直或接近垂直的传动中,可以采用如图11-5b所示的摆架式结构。电动机固定在摇摆架上,通过旋动调整螺杆上的螺母来调节。

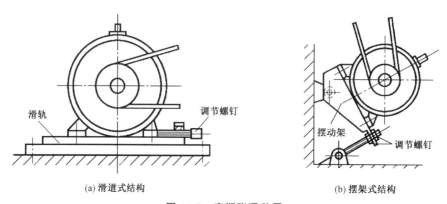

(a) 滑道式结构　　(b) 摆架式结构

图 11-5　定期张紧装置

11.2.5.2 张紧轮张紧装置

采用张紧轮进行张紧,一般用于中心距不可调的情况。因为安置于紧边位置时需要的张紧力大,且张紧轮也容易跳动,因此,通常张紧轮置于带的松边。图11-6为用张紧轮进行张紧的机构。图11-6a是张紧轮压在松边的内侧的情况,张紧轮应尽量靠近大带轮,以免小带轮上包角减小过多。V带传动常采用这种装置。图11-6b是张紧轮压在松边的外侧的情况,它使带承受反向弯曲,会使寿命降低。这种装置形式常用于需要增大包角或空间受到限制的传动中。

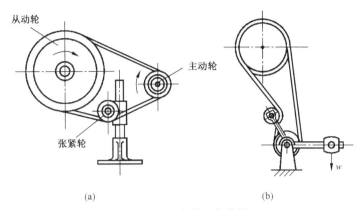

(a)   (b)

图 11-6　张紧轮张紧装置

11.2.5.3　自动张紧装置

图 11-7 是一种能随外载荷变化而自动调节张紧力大小的装置。它将装有带轮的电机放在摆动架上,当带轮传递转矩 T_1 时,在电机座上产生反力矩 T_R,使电机轴 O 绕摇摆架轴 O_1 向外摆动。工作中传递的圆周力越大,反力矩 T_R 越大,电机轴向外摆动角度越大,张紧力越大。安装 V 带传动时,两带轮轴线应相互平行,并且两带轮相对应的轮槽对称平面应重合,误差不得超过 $20'$。

V 带传动效率可达 $90\%\sim96\%$,圆周速度可达 $10\sim20$ m/s。单级传动比可达 10,传动功率可达 500 kW,并且可以用于无级调速,有过载能力,缓冲减震能力好,寿命虽短但可以换带,价格低,但是传动比不准确。

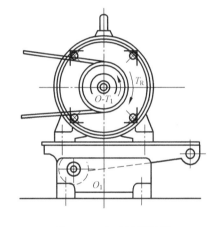

图 11-7　自动张紧装置

本机床采用的是 V 带(俗称三角带)传动,且使用了中间带轮,这种采用中间带轮的传动形式在实际使用中比较少见。实物及示意图如图 11-8、11-9 所示。

图 11-8　带传动实物图

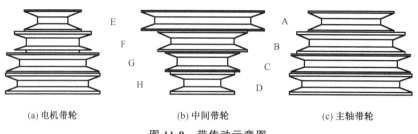

(a) 电机带轮　　　　　　　　(b) 中间带轮　　　　　　　(c) 主轴带轮

图 11-9　带传动示意图

根据三个带轮的结构可知该钻铣床可实现 12 种不同主轴转速,如表 11-1 所示。

表 11-1　主轴转速表　　　　　　　　　　　　　　　　　　(单位:转/分)

序号	皮带位置	转速	序号	皮带位置	转速
1	DE	250	7	CH	1 270
2	CE	330	8	BG	1 450
3	BE	450	9	EH	1 750
4	DF	600	10	AF	1 890
5	CF	750	11	AG	2 600
6	DG	870	12	AH	3 200

11.2.6　电动机的结构与绝缘测量方法

11.2.6.1　电动机的结构

三相异步电动机也叫三相感应电动机。它具有结构简单、工作可靠、容易操作、价格低廉等优点,所以在生产上被广泛采用。

三相异步电动机主要由两大部分所组成:一个是固定不动的部分,称为定子;另一个是旋转部分,称为转子。定子由机座、定子铁芯和定子绕组等组成;转子由转轴、转子铁芯和转子绕组等组成。电动机的其他部件还有端盖、轴承、轴承盖、风扇(或叫风叶)、风扇罩、接线端子板、接线盆等,结构如图 11-10 所示。

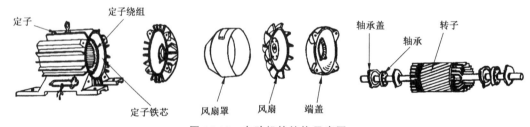

图 11-10　电动机的结构示意图

电动机在拆卸之前,应该在线头、轴颈、端盖等部件上做好记号,以使再装配时各归原位,避免弄错位置而影响装配工作。此外,还应详细检查定子与转子之间的间隙和测量电动机绕组的绝缘电阻值,并要作好记录,以便修好后对照。

电机在维修过程中,其绕组的绝缘相当重要,因此,在实际工作中,电机维修和在长时间的使用后,应该进行绝缘测量。绝缘测量的方法常用的和比较方便的是用绝缘电阻表(兆欧表)来测量。

11.2.6.2　电动机的绝缘测量方法

绝缘的测量方法有多种,其中最典型的测量方法是用绝缘电阻表(兆欧表)来测量。绝缘电阻表(兆欧表)的测量步骤为:

(1) 本仪表在使用时须远离磁场,水平放置。

(2) 在作绝缘测量时,可将被测物的两端分别连接在"接地"及"线路"两接线柱上,按额定转速转动摇柄,即可测得电阻数值(见图 11-11a)。

(3) 在作通地测量时,将被测端连接良好之地线接于"接地"柱上。按额定转速转动摇柄,即可测得电阻数值(见图 11-11b)。

(4) 在进行电缆缆芯与缆壳的绝缘测量时,除将被测两端分别接于"接地"与"线路"两接线柱外,再将电缆壳芯之间的内层绝缘物接"保护环",以消除因表面漏电而引起的测量误差(见图 11-11c)。

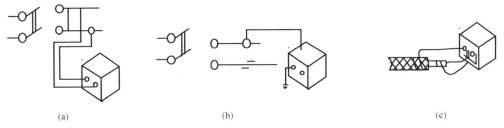

(a)　　　　　　　　　　(b)　　　　　　　　　　(c)

图 11-11　绝缘电阻表(兆欧表)的测量方法

11.3　变传动装置的拆装实训

11.3.1　实训目的和要求

(1) 进一步强化对钻铣床传动装置的基本结构的认识,理解传动装置的结构组成及工作原理;

(2) 掌握传动装置的拆卸和装配的方法、步骤和要求;

(3) 掌握皮带调紧的方法。

11.3.2　实训设备、材料和工具

(1) 小型立式钻铣床,型号 ZX-16;

(2) 常用与专用拆装工具;

(3) 各式量具。

11.3.3　实训内容及步骤

11.3.3.1　实训内容

(1) 拆卸前观察传动装置各部分的组成;

(2) 拆卸过程中熟悉各部件名称及工作原理;

（3）掌握各部件的装配关系。

11.3.3.2　实训步骤

1.传动装置的拆卸

传动装置的拆卸步骤如下：

（1）首先将传动机构上顶盖锁紧的圆形手柄螺母旋下，上顶盖及螺母放置在一侧，如图 11-12 所示。

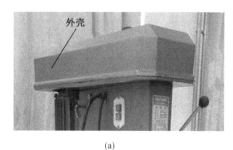

(a)　　　　　　　　　　　　　　　　(b)

图 11-12　拆卸带轮外壳实物图

（2）皮带轮张紧固定螺栓松开，使带的张力放松，利用工具将两根皮带拆下，如图 11-13 所示。

注意：在拆卸皮带时，先拆松边部位就能较为轻松地取下皮带，即 V 带的拆卸过程中应旋转带轮使 V 带变松而方便取下皮带。

（3）利用勾扳手拆下圆螺母，利用三爪顶拔器取下主轴带轮，取出中间带轮，如图 11-14 所示。

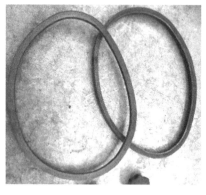

图 11-13　拆卸皮带实物图　　　　　　**图 11-14　拆卸带轮实物图**

注意：在利用三爪顶拔器拆卸主轴带轮时，顶拔器顶尖切勿直接顶在花键轴上，否则将会划伤花键轴，可以采用准备好的垫片放置在顶尖下方；中间带轮与主轴箱没有连接，直接取出即可。

（4）取出两个带轮后，利用工具将皮带轮下壳取下，如图 11-15 所示。

图 11-15　拆卸皮带轮下壳实物图

（5）将调整电机位置的两个锁紧螺钉拧松，转动调整手柄，将调整块和手柄拆卸并取出；将电机与电机底座轴分离并分别取出，如图 11-16 所示。

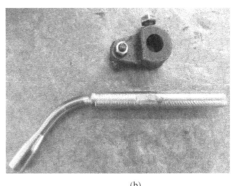

(a) (b)

(c)

图 11-16　电机调整机构的拆装实物图

（6）利用孔用弹簧卡钳将锥轴孔中的弹簧卡圈取出，将主轴箱从立柱上搬至工作台并倒置，然后利用轴承顶棒和手锤将锥轴取出（此步骤是在主轴及手柄已经拆下后进行），如图 11-17 所示。

注意：在拆卸锥轴时，应使轴承顶棒作用在轴承的外圈并均匀击打，然后将锥轴从锥轴孔中取出。

(a)

(b)

图 11-17 锥轴拆卸实物图

一般情况下，电动机的拆卸步骤如下：

（1）拉开电源，拆卸外部接线，松开地脚螺丝，拆开两联轴器盘（也叫作靠背轮）之间的连接螺栓。如为皮带传动时，则拿掉皮带轮使电动机与其全部分开。

（2）用三爪顶拔器将皮带轮或靠背轮慢慢拆下，与电动机轴连接得很牢固的皮带轮或靠背轮，拆卸时切不可用铁锤硬打，以免将轮打坏而造成损失。

（3）先拆除轴承外盖，然后再拆卸大端盖。轴承外盖拆下后，松脱端盖螺丝，将扁铲对准端盖与电动机外壳接缝处，用手锤轻轻地敲打扁铲，使端盖与电动机外壳分开，即可取下端盖。（在拆卸 20 kW 以上电动机时，应用绳子将有皮带轮一端的轴颈吊在木架或铁架上，以免端盖落下时摔坏或伤人而造成事故）。

当拆卸完一个端盖后，需在定子和转子之间垫以较厚的纸，以防拆卸另一个端盖时，转子落到定子上而损伤定子铁芯和定子绕组。

（4）抽出转子，中小型电动机的转子，两人用手擎着就可以抽出来。为了抬动时方便，也可用一根内径较电动机轴略粗的长铁管套在电动机轴上往外抬（对较大或大型电动机，要用吊链吊出来）。在抽转子时，必须细心谨慎，不要磕坏绕组、风叶、铁芯、轴颈等。

（5）拆卸轴承，将三爪顶拔器的爪钩钩在轴承的内圈上，三爪顶拔器的尖端对准电动机轴中心窝，旋转三爪顶拔器手柄，轴承就能被慢慢地拉出来。也可用钢棒对准轴承内圈用锤子敲打铜棒，使轴承逐渐地拆卸下来，或把机油加热到 100 ℃ 左右，用油壶将加热的油浇淋在轴承内圈上，从开始浇热油起在 3～5 min 内立刻拆卸下来。

拆卸传动装置各部件过程中，仔细观察部件之间的装配关系，并思考以下问题：

（1）V 带工作时受哪些力的作用？V 带将会产生哪些应力？这些应力将会引起何种失效？

（2）V 带传动中的失效形式是什么？设计中如何保证不发生这些失效？

（3）单根带所能传递的额定功率主要受哪些因素影响？

（4）V 带传动有什么特点？分别适用于什么场合？

（5）如果用张紧轮张紧？张紧轮应该置于松边还是紧边？靠近大带轮还是小带轮？带的内侧还是外侧？为什么？

（6）电机如何前后移动并同时保证电机轴线一直与主轴平行？

（7）V 带的主楔角均为 $40°\pm1°$，带轮的槽角为多少？学会使用相关手册确定槽角与轮径的关系。

（8）V 带和带轮槽是否需要润滑？如果意外滴入润滑油会出现什么情况？

（9）本钻铣床的电机调整结构适合所有的电机调整吗？

（10）主轴带轮如何实现卸载功能？

2.传动装置的安装

传动装置的安装步骤如下：

（1）利用轴承套筒和手锤将锥轴安装至锥轴孔中，然后将弹簧卡圈安装至卡槽中。

注意：轴承套筒的直径需与轴承外径一致，即受力部位在轴承外圈。

（2）首先，将电机与电机底座轴进行连接固定，安装至主轴箱合适位置；然后，将调整块与调整手柄安装到位即可，如图 11-18 所示。

注意：安装过程中应注意电机在底座的高低、水平大体位置，将电机底座轴滑入主轴箱体，将中间带轮装入箱体，根据电机轴上带轮调节高低位置，将张紧块及张紧手柄装入合适位置固定锁紧螺钉。

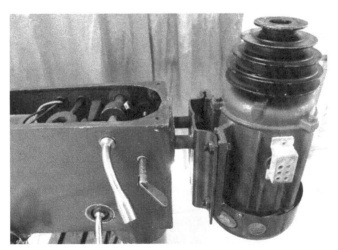

图 11-18 电机调整装置的安装实物图

（3）安装皮带轮下壳，利用螺钉将其固定。

（4）将主轴带轮安装到锥轴上，利用圆螺母进行固定；将中间带轮安装至主轴箱的安装孔内，并调整三个带轮至同一水平面。

（5）安装皮带。将皮带张紧装置放松，分别将两根皮带安装至合适位置。

（6）安装皮带轮上壳。

带传动和电机调整装置的拆卸、安装和调整时的要点如下：

传动装置的安装和校正质量的好坏，直接决定电动机能否正常运行。传动装置的安装和校正质量不良，会增加电动机的电力负载和机械力负载，严重时甚至损坏电动机的转轴、轴承和绕组等。因此，传动装置必须正确安装，安装后应细心校正。通常安装传动装置以前，应将电动机的出轴清洗干净，并将轴上的键槽和使用的键用油石打磨，除去其上的毛刺，然后在轴和键上涂抹润滑油（对传动装置的配合内孔和键槽也应作同样处理），随后装上传动装置和拧紧止推螺钉。

（1）两个带轮的直径大小必须配套，大、小轮不得搞错（当安装内孔一致时），否则会发生事故（被动轮由小变大将导致机械装置的转速过低，而由大变小则会造成超速）。

（2）两个带轮传动面的中心线应成一直线，两轮的中心线应平行。否则，不但增加传动装置的能量损耗，而且还会损坏传动带（V带传动）或者造成脱带事故（平带传动）。

（3）塔形V带必须装成一正一反，否则无法进行调速。

（4）必须使皮带张紧。

第12章 主轴送进及主轴箱升降机构的认识与拆装实训

12.1 本章提示

知识目标

1.了解主轴送进机构的基本结构与组成。

2.正确认识齿轮齿条传动的特点及优缺点。

3.了解弹簧的功用与类型。

4.了解主轴的结构,掌握主轴轴承的使用。

5.掌握平面蜗卷弹簧的功用与特点。

6.掌握主轴箱升降机构的组成及基本原理。

能力目标

1.培养学生对机床主轴送进机构和主轴箱升降机构的基本结构及工作原理的了解。

2.使学生通过对主轴送进机构和主轴箱升降机构的拆卸和组装,深入理解两部分的设计理念。

12.2 主轴送进机构的基本结构

主轴送进的目的是在机床切削过程中完成纵向送进和返回。例如本次实训课程使用的钻铣床主轴的升降,立钻和摇臂钻的主轴升降送进,以及镗床主轴的送进移动等皆采用这种方式。

按照送进方式分类,有手动送进和自动送进(自动送进可以控制送进量),或手动送进优先等。回退方式有弹簧力回退(在送进齿轮轴上有一个扭弹簧)、重力回退(用链悬挂重物)、自动回退等,本实训课程钻铣床采用的是弹簧回退。在主轴送进筒加工一个齿条,送进手柄与送进齿轮相连,齿轮与齿条啮合,送进齿轮轴一侧装一个扭弹簧。当扳动送进手柄时,齿轮转动,使带有齿条的升降筒移动,同时弹簧绕紧,储存弹性势能。手柄放松后,主轴在弹簧的作用下回退。送进限位机构在手柄侧,调整其刻度,可以控制送进量。主轴送进机构简图如图 12-1 所示。

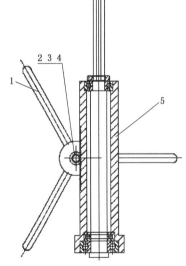

1—送进手柄;2—送进齿轮;
3—限位装置;4—复位螺钉;
5—主轴套筒

图 12-1 钻铣床主轴进给机构结构图

12.2.1 齿轮齿条传动

12.2.1.1 齿条

齿条是一种齿分布于条形体上的特殊齿轮。齿条也分直齿齿条和斜齿齿条,分别与直齿圆柱齿轮和斜齿圆柱齿轮配对使用,齿条的齿廓为直线而非渐开线(对齿面而言则为平面),相当于分度圆半径为无穷大的圆柱齿轮。齿轮齿条传动结构图如图 12-2 所示。齿条的主要特点有以下几点:

(1)由于齿条齿廓为直线,所以齿廓上各点具有相同的压力角,且等于齿廓的倾斜角,此角称为齿形角,标准值为 20°。

(2)与齿顶线平行的任一条直线上具有相同的齿距和模数。

(3)齿顶线平行且齿厚等于齿槽宽的直线称为分度线(中线),它是计算齿条尺寸的基准线。

齿条的主要参数有齿槽宽、齿顶高、齿根高、齿高、齿厚、齿根圆半径等,齿条的加工方法有滚齿、插齿、剃齿、磨齿等。

图 12-2 齿轮齿条传动结构示意图

12.2.1.2 齿轮齿条传动的特点

齿轮齿条传动的承载力大,传动精度较高,可达 0.1 mm,可无限长度对接延续,传动速度可以很高。

齿轮齿条传动的缺点是若加工安装精度差,则传动噪音大,磨损严重。齿轮齿条传动的典型用途有大版面钢板、玻璃数控切割机、建筑施工升降机(可达 30 层楼高)。

12.2.2 弹簧的功用与类型

12.2.2.1 弹簧的功用

弹簧是一种应用十分广泛的弹性元件,在载荷的作用下它可以产生较大的弹性变形,将机械功或动能转变为变形能,在恢复变形时,则将变形能转变为机械功或动能。它在机械设备、电器、仪表、军工设备、交通运输及日常生活器具等方面得到广泛的应用。其主要功用是:

1.缓冲和吸振

利用弹簧变形来吸收冲击和振动时的能量,如汽车、火车车厢下的减振弹簧、联轴器中的吸振弹簧等,这类弹簧具有较大的弹性变形能力。

2.储存及输出能量

利用弹性变形所储存的能量做功,如钟表弹簧、枪栓弹簧、自动机床中刀架自动返回装置中的弹簧等。这种弹簧既要求有较大的弹性,又要求作用力较稳定。

3.控制机构的运动

利用弹簧的弹力保持零件之间的接触,以控制机构的运动,如内燃机中的阀门弹簧、制动器、离合器、凸轮机构、调速器中的控制弹簧,安全阀上的安全弹簧等。这类弹簧要求在某一定变形范围内的刚度变化不大。

4.测量力的大小

利用弹簧变形量与其承受的载荷呈线性关系的特性来测量载荷的大小,如测力器及弹簧秤中的弹簧,这类弹簧要求其受力与变形呈线性关系。

12.2.2.2　弹簧的类型和特点

按承受载荷的不同,可分为拉伸弹簧、压缩弹簧、扭转弹簧和弯曲弹簧等;按弹簧形状不同,可分为螺旋弹簧、碟形弹簧、环形弹簧、盘簧、板弹簧等。

螺旋弹簧是用弹簧丝卷绕制成的,因为制造简便,所以应用最广。碟形弹簧和环形弹簧能够承受很大的冲击载荷,并有良好的吸振能力,因此常用作缓冲弹簧。板弹簧有较好的消振能力,所以在火车、汽车等车辆中应用广泛。当受载不是很大而轴向尺寸又很小时,可以采用盘簧,盘簧在各种仪器中广泛地用作储能装置,如图 12-3 所示为本实训课程钻铣床回弹装置中的蜗卷型盘簧结构图。蜗卷型盘簧是一种一端固定而另一端作用有扭矩的弹簧,在扭矩作用下弹簧材料产生弯曲弹性变形,使弹簧在平面内产生扭转,其变形角的大小与扭矩成正比。

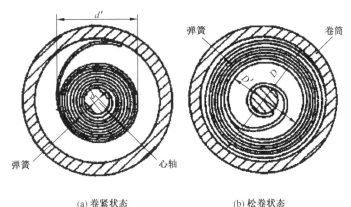

(a) 卷紧状态　　　　　　(b) 松卷状态

图 12-3　平面蜗卷弹簧结构图

12.2.3　主轴的结构及组成

12.2.3.1　主轴的结构及工作原理

机床主轴结构根据机床性能的要求和加工对象的不同,在结构上区别较大,如车床主轴、镗床主轴、钻床主轴等。本实训课程所用钻铣床的主轴结构相对比较简单(具体主轴结构图见图 12-4)。

主轴的组成主要由送进筒、主轴带轮、主轴、主轴轴承、止推轴承、花键轴等组成,在主轴的下端,有一个横向贯通的孔和一个莫氏 2 的锥孔。该锥孔可以安装与之装配的刀具或者钻卡头,横向贯通的孔(楔孔)为退出带柄锥使用,在主轴上有花键槽。主轴的轴向固定由一个圆螺母和一个止动垫圈固定。

该主轴既可旋转又可以往复运动,旋转由主轴带轮(可以与其他带轮变速),通过花键轴传递给主轴和工具进行旋转,而花键可以上下移动,从而解决了主轴和送进运动。从上述可以看出,在设计时主轴的旋转和送进是有一定的设计要求的。因此,合理的设计、合理的尺寸与形位公差、合理的精度等及粗糙度、合理的材料选择、正确的润滑方法,才能确保功能要求,有一些重要的主轴还要求径向跳动等调整功能,如车床的主轴。

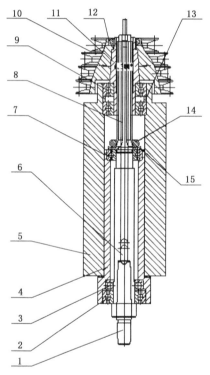

1—双锥杆;2、7、9、13—向心轴承;3—推力轴承;4—主轴套筒;5—机架;6—长孔;
8—花键轴;10—主轴带轮;11—带轮锥轴;12—圆螺母;14—小圆螺母;15—止退垫圈

图 12-4 主轴结构示意图

圆螺母主要用于轴端锁紧,通常与止退垫圈一起使用,一般为细牙螺纹,螺母的概念比较广泛,一般有普通六角头螺母、蝶形螺母、自锁螺母等,通常用于螺栓的连接。小圆螺母用于固定传动及转动零件的轴向位移,也常配合止退垫圈,锁紧滚动轴承的内圈。

12.2.3.2 带扁尾和不带扁尾内外圆锥的应用和装配

圆锥在机械设计和应用中使用非常普遍,但是在普通的课堂教学中涉及得不多,因此在本次实训课程中作简单介绍。

　　圆锥在机械设备中比较常用的有：圆锥螺栓、楔键、圆锥销、定位销、圆锥铰刀、锥形轴颈、刀具尾柄、轴承锥套、机床顶尖、旋塞、锥形离合器、中心孔的护锥、沉头及半沉头螺钉头、铆钉头等。

　　在实际的设计中，锥的使用应该根据国家标准进行设计，特别是与之相关的标准件，必须根据标准件的锥度相配。现将相关的资料整理如下，以供参考。圆锥的标准锥度（GB 157—2001）如图 12-5 及式（12-1）所示，一般常用用途的锥度表如表 12-1 所示。本次实训课程中主要涉及刀具尾柄。

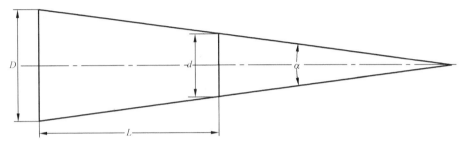

图 12-5　圆锥的锥度示意图

$$C = \frac{D-d}{L} = 2\tan\frac{\alpha}{2} \tag{12-1}$$

表 12-1　常用用途锥度表

系列 1	系列 2	锥角/(°)（推算值）	锥度 C	应用举例
120°			1：0.288 675	螺纹内倒角、中心孔护锥
90°			1：0.5	沉头螺钉、倒角、顶尖孔
	75°		1：0.651 613	直径 10～13 mm 铆钉头
60°			1：0.866 025	车床顶尖、中心孔
45°			1：1.207 107	螺旋管锥形密封
30°			1：1.866 026	摩擦离合器
1：03		18.924 644		具有限扭矩的摩擦离合器
	1：04	14.250 033		
1：05		11.421 186		易拆机件的锥形连接
	1：06	9.527 283		
	1：07	8.171 234		重型机床顶尖、旋塞
	1：08	7.152 669		联轴器和轴的圆锥面连接
1：10		5.724 81		锥形连接的接合面、锥形轴端
	1：12	4.771 888		轴承衬套

系列 1	系列 2	锥角/(°)(推算值)	锥度 C	应用举例
	1：15	3.818 305		轴向力的接合面
1：20		2.864 192		机床主轴锥度
1：30		1.909 682		装柄的铰刀
	1：40	1.432 32		
1：50		1.145 877		圆锥销、定位销
1：100		0.572 953		连接件、楔键
1：200		0.286 473		承受冲击和变载荷的连接
1：500		0.114 592		

在一些设备中,还经常使用不带扁尾的圆锥(见图 12-6),其应用也非常广泛,莫氏锥度的尺寸参数如表 12-2 所示,本次实训课程主要涉及主轴与钻卡头部分。

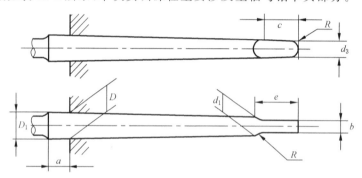

图 12-6　带扁尾的外圆锥

表 12-2　莫氏锥度的尺寸参数

圆锥符号		D	D_1	d_2	d_3	l_3	l_4	a	b	e	c	R	r
莫氏	0	9.045	9.212	6.155	5.9	56.3	59.5	3.2	3.9	10.5	6.5	4	1
	1	12.065	12.24	8.927	8.7	62	65.5	3.5	5.2	13.5	8.5	5	1.25
	2	17.78	17.980	14.059	13.6	74.5	78.5	4	6.3	16.5	10.5	6	1.5
	3	23.825	24.051	19.131	18.6	93.5	98.0	4.5	7.9	20	13.0	7	2
	4	31.267	31.542	25.154	24.6	117.7	123	5.3	11.9	24	15	9	2.5
	5	44.399	44.731	36.547	35.7	149.2	155.5	6.3	15.9	30.5	19.5	11	3
	6	63.384	63.76	52.419	51.3	209.6	217.5	7.9	19	45.5	28.5	17	4
米制	80	80	80.4	69	67	220	228	8	26	47	24	23	5
	100	100	100.5	87	85	260	270	10	32	58	28	30	6
	120	120	120.6	105	103	300	312	12	38	68	32	36	6

圆锥符号		D	D_1	d_2	d_3	l_3	l_4	a	b	e	c	R	r
米制	160	160	160.8	141	139	380	396	16	50	88	40	48	8
	200	200	201	177	175	460	480	20	62	108	48	60	10

12.2.4 轴承的装配和选用

轴承是支承轴颈的部件,有时也用来支承轴上的回转零件。根据其工作时接触面间的摩擦性质,分为滑动轴承和滚动轴承两大类。本节只讨论滚动轴承。

12.2.4.1 滚动轴承的优缺点及应用

滚动轴承是现代机器中广泛应用的部件之一,它是依靠元件间的滚动接触来承受载荷的。滚动轴承为标准部件,由专业工厂大批生产,使用者只需熟悉标准,合理选用。滚动轴承设计的内容一般为:①根据工作条件合理选用滚动轴承的类型和尺寸,验算轴承的承载能力;②综合考虑滚动轴承的定位、装拆、调整、润滑和密封等问题,进行轴承的组合结构设计。

与滑动轴承相比,滚动轴承的主要优点是:摩擦力矩和发热较小,在通常的速度范围内,摩擦力矩很少随速度而改变;起动转矩比滑动轴承小;消耗润滑剂少,便于密封,易于维护;大大地减少了有色金属的消耗;轴承单位宽度的承载能力较大;标准化程度高,成批生产,成本较低。

滚动轴承的缺点是:接触应力高,承受冲击载荷的能力较差,高速重载荷下轴承的寿命较低;径向尺寸比滑动轴承大;减振性能比滑动轴承差,工作时振动和噪声较大;小批生产特殊的滚动轴承时成本较高。滚动轴承是标准件,在使用、安装、更换等方面很方便,因此在中速、中载和一般条件下运转的机器中应用非常广泛。在一些特殊的工作条件下,如高速、重载、精密、高温、低温、防腐、防磁、微型和特大型等场合,也可以采用滚动轴承,但需要在材料、结构、加工工艺和热处理等方面,采取一些特殊的技术措施。

12.2.4.2 滚动轴承的选择

滚动轴承的选择包括:轴承类型、尺寸系列、内径以及公差等级等。

1. 类型选择

选用轴承时,首先是选择轴承类型,所考虑的主要因素有:轴承所受载荷的大小、方向和性质,这是选择轴承类型的主要依据。

(1)载荷的大小与性质。通常球轴承适用于中小载荷及载荷变动较小的场合;滚子轴承则可用于重载荷及载荷变动较大的场合。

(2)载荷的方向。轴承受纯轴向载荷时,可选用推力轴承。较小的纯轴向载荷可选用推力球轴承;较大的纯轴向载荷可选用推力滚子轴承。轴承受纯径向载荷,可选用深沟球轴承、圆柱滚子轴承或滚针轴承。当轴承在承受径向载荷的同时,还有较小的轴向载荷时,可选用深沟球轴承、角接触球轴承;当轴向载荷较大时,可选用圆锥滚子轴承,或者向心轴承和推力轴承组合在一起使用,分别承担径向载荷和轴向载荷。

2. 轴承的转速

通常转速较高、载荷较小或旋转精度要求较高时,宜选用球轴承;转速较低、载荷较大或有冲击载荷时则选用滚子轴承。

3. 轴承的调心性能

当轴的中心线与轴承座中心线不重合而有较大的角度误差时,或因轴受力而弯曲或倾斜时,会造成轴承的内、外圈轴线发生偏斜。这时,应采用有一定调心性能的调心球轴承或调心滚子轴承。值得注意的是,各类滚动轴承内圈轴线相对外圈轴线的倾斜角度是有限的,超过限制角度,会降低轴承的寿命。

4. 轴承的安装和拆卸

当轴承座没有剖分面而必须沿轴向安装和拆卸轴承部件时,常选用内、外圈可分离的轴承(如圆锥滚子轴承)、具有内锥孔的轴承或带紧定套的轴承。

5. 轴承的经济性

特殊结构轴承比普通结构轴承价格高。通常,滚子轴承比球轴承价格高。轴承精度越高,则价格越高,而且高精度轴承对轴和轴承座的精度要求也高,所以选用轴承时,应在满足使用要求的前提下,尽可能地降低成本。若无特殊要求,公差等级通常选用 0 级;若有特殊要求,可根据具体情况选用其他公差等级。

12.2.4.3 滚动轴承的组合结构设计

为保证轴承能够正常工作,除合理选择轴承类型、尺寸外,还应正确进行轴承的组合结构设计,也就是要解决轴系的轴向位置固定、轴承与相关零件的配合、间隙的调整、装拆、润滑和密封等几个方面的问题。

1. 滚动轴承轴系支点固定

为保证滚动轴承轴系能正常传递轴向力,防止轴向窜动及轴受热膨胀后将轴承卡死,在轴上各零件定位固定的基础上,必须合理地设计轴系支点的轴向固定结构。常用的结构型式有三种。

(1) 双支点单向固定

普通工作温度($t \leqslant 70$ ℃)的短轴(跨距 $L \leqslant 400$ mm),常采用双支点单向固定的型式。即两端支点中的每个支点分别承受一个方向的轴向力,限制轴一个方向的运动,两个支点合起来就限制了轴的双向移动。轴向力不大时,可采用深沟球轴承,如图 12-7a 所示;轴向力较大时,可选用一对角接触球轴承如图 12-7b 或一对圆锥滚子轴承。考虑到轴工作时因受热而伸长,在轴承盖与外圈端面之间应留出 0.25~0.4 mm 热补偿间隙(间隙很小结构图上不必画出),间隙或游隙的大小,常用垫片或调整螺钉调节,如图 12-7c 所示。

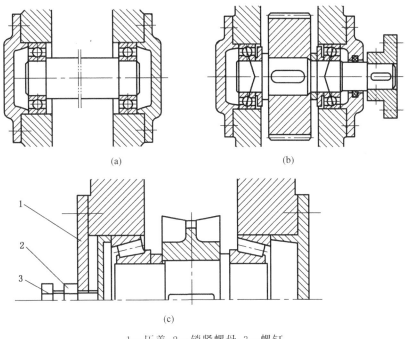

(a)　　　　　　　　　　　　(b)

(c)

1—压盖;2—锁紧螺母;3—螺钉

图 12-7　双支点单向固定

（2）单支点双向固定

当支承跨距较长或工作温度较高时,轴有较大的热膨胀伸缩量,这时应采用单支点双向固定的轴承组合结构。单支点双向固定的轴系结构特点是两个方向的轴向力由同一支点上的轴承承受,这个支点上的轴承应是可以承受双向轴向载荷的轴承或轴承组合,这一端称为固定端。固定端上的轴承(或轴承组合)相对于轴和箱体孔应双向固定,当轴受热伸长时,另一端上的轴承应能够沿轴向自由移动,不产生附加载荷,不使轴系卡死,称为游动端。如图 12-8a 所示的结构中左支点为固定端,所选轴承为可以承受少量双向轴向载荷的深沟球轴承,轴承内、外圈均被固定,当轴受到任何方向的轴向力时都通过这一支点传递到箱体,另一端(游动端)也选择深沟球轴承,由于其内外圈不可分离,因此,只需固定内圈,其外圈在座孔内两个方向上均不固定,当轴受热伸长时轴承外圈可相对于箱体自由移动,不受限制。如图 12-8b 所示结构中两端均采用圆柱滚子轴承,通常这种轴承不具有轴向承载能力,但是左端的圆柱滚子轴承在内外圈上均有挡边,当轴系偶尔有少量轴向力时可以依靠这些挡边限制左支点轴承的双向位置,右支点采用的是外圈双向均无挡边的圆柱滚子轴承,虽然轴承内外圈相对于轴和孔双向固定,但由于轴承结构的关系,轴承内圈可以相对于外圈自由移动,形成游动端。

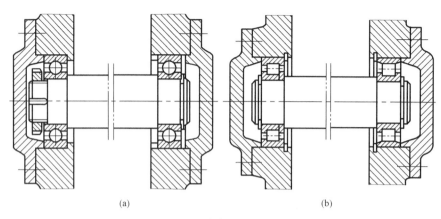

(a)　　　　　　　　　　　　　(b)

图 12-8　单支点双向固定（一）

当轴向载荷较大时固定支点可采用两个圆锥滚子轴承（或角接触球轴承）"背对背"或"面对面"组合在一起的结构，如图 12-9a 所示；也可采用推力轴承和向心轴承组合在一起的结构，如图 12-9b 所示。

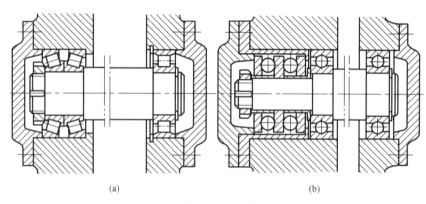

(a)　　　　　　　　　　　　　(b)

图 12-9　单支点双向固定（二）

（3）两端游动

这种轴系结构两端均采用完全不具有定位能力的轴承，整个轴系的轴向位置处于完全浮动状态。两端游动轴系的轴向位置在工作中是依靠传动零件确定的，一般这种轴系结构应用在双斜齿轮轴系或人字齿轮轴系中。在人字齿轮传动中，为避免人字齿轮两半齿圈受力不均匀或卡死，常将小齿轮做成可以两端游动的轴系结构，如图 12-10 中左、右两端的轴承均不限制轴的轴向游动。

这种轴系的传动零件具有双向轴向定位能力，如果轴承也具有轴向定位能力则构成过定位的轴系，这是不允许的。

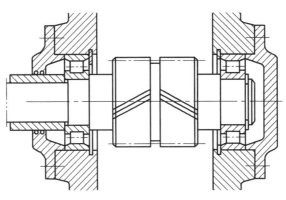

图 12-10　两端游动

2.滚动轴承的轴向定位与固定

　　滚动轴承的轴向定位与固定是指轴承的内圈与轴颈、外圈与座孔间的轴向定位与固定。由于轴系结构多种多样,对定位与固定的要求也各不相同,因此,轴承的轴向定位与固定的方法有很多种,如图 12-11 和图 12-12 所示。

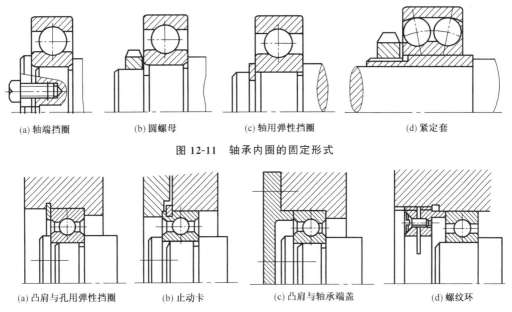

(a)轴端挡圈　　　　(b)圆螺母　　　　(c)轴用弹性挡圈　　　　(d)紧定套

图 12-11　轴承内圈的固定形式

(a)凸肩与孔用弹性挡圈　(b)止动卡　　(c)凸肩与轴承端盖　　(d)螺纹环

图 12-12　轴承外圈的固定形式

3.轴承游隙及轴上零件位置的调整

　　轴承游隙的大小对轴承的寿命、效率、旋转精度、温升及噪声等都有很大的影响。游隙过大,则轴承的旋转精度降低,噪声增大;游隙过小,由于轴的热膨胀使轴承受的载荷加大,寿命缩短,效率降低。因此,轴承组合装配时应根据实际的工作状况适当地调整游隙,并从结构上保证能方便地进行调整。

　　如图 12-7b 所示的角接触轴承组合要保证正常的轴向间隙,是通过改变轴承盖与箱体之间的垫片厚度来实现的。装配中首先在不装垫片的情况下测量端盖与箱体之间的间隙,将这个间隙与轴系所需的工作游隙相加,就是所需的垫片总厚度。

如图 12-13a 所示轴系的轴向间隙是靠轴上的圆螺母来调整的,操作不方便,且螺纹为应力集中源,削弱了轴的强度。

如图 12-13b 所示为嵌入式轴承端盖结构,在端盖与轴承之间有一垫圈,在装配中可以通过调整(或选配)这一垫圈的厚度实现正确的轴向间隙。

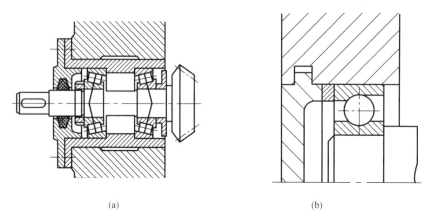

(a)   (b)

图 12-13　轴承游隙的调整(一)

以上介绍的调整方法都是在轴系装配过程中进行调整,实际机器在工作中会由于磨损使轴系的轴向间隙发生变化,所以需要在使用过程中不断对其进行调整,以补偿磨损造成的间隙变化,保持正确的轴向间隙,如图 12-12d 所示的结构通过螺纹环进行调整,通过螺钉实现防松,如图 12-14a 所示的结构通过螺钉进行调整,通过螺母实现防松。

有些传动零件对轴系的轴向位置有严格要求,例如锥齿轮传动要求两轮节圆锥顶点重合,如图 12-14b 所示;蜗杆传动要求蜗轮的中间平面通过蜗杆轴线,这些要求都要通过调整轴系的轴向位置来实现。当同一轴系有两个参数需要调整时应至少设置两个调整环节,例如图 12-14b 所示的锥齿轮轴系中的轴承间隙和节锥点位置这两个参数需要调整,在该轴系中设置了两组调整垫片。其中,轴系的轴承间隙通过改变套杯与端盖之间的垫片 1 的厚度来调整,节锥点位置通过改变套杯与箱体之间的垫片 2 的厚度来调整。

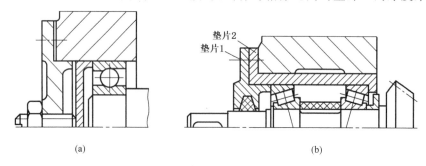

垫片2
垫片1

(a)   (b)

图 12-14　轴承游隙的调整(二)

4.滚动轴承的配合

滚动轴承的配合是指滚动轴承内圈与轴的配合及滚动轴承外圈与座孔的配合。滚动轴承的配合直接影响轴承的定位与固定效果,影响轴承的径向游隙。径向游隙的大小对滚动轴承元件的受力、轴系的旋转精度、轴承的寿命及温升都有很大的影响,因此必须合理地选择滚动轴承的配合来改善轴承的径向游隙。

由于滚动轴承是标准组件,因此,轴承内圈与轴的配合采用基孔制,轴承外圈与孔的配合采用基轴制。滚动轴承的公差标准中,规定其内径和外径的公差带均为单向制,而且统一采用上偏差为零、下偏差为负值的分布。而普通圆柱公差标准中基准孔的尺寸公差带采用下偏差为零、上偏差为正值的分布,故滚动轴承内圈与轴颈的配合,比圆柱公差标准中规定的基孔制同名配合要紧一些。轴承外圈与轴承孔的配合与圆柱公差标准中规定的基轴制同名配合相比较,配合性质的类别基本一致,但由于轴承外径的公差值较小,因而与同名配合也稍紧一些。如图 12-15 所示为滚动轴承内、外圈的公差带位置及与之配合的轴和孔的公差带位置关系。

在装配图中进行尺寸标注时不需要标注滚动轴承的公差符号,只标注与之配合的轴和孔的公差符号,如图 12-16 所示。

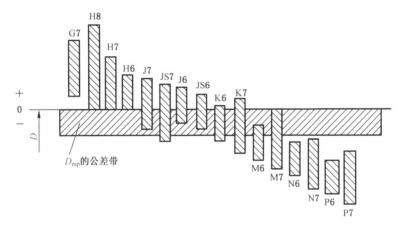

(a) 轴承内圈孔与轴颈的配合

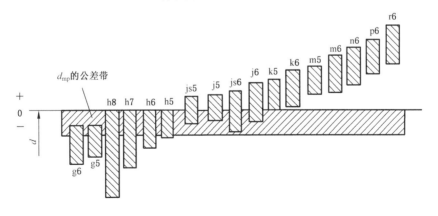

(b) 轴承外圈轴与外壳孔的配合

图 12-15　滚动轴承的公差带

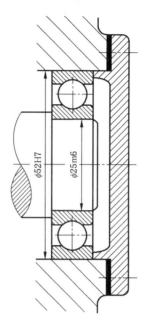

图 12-16　滚动轴承的配合

　　轴承配合种类的选取,应根据轴承的类型和尺寸,载荷的大小、方向和性质,转速的高低,工作温度的变化和拆装条件等来决定。一般原则是:回转套圈应选较紧配合,不回转套圈应选较松配合;载荷大、振动大、转速高或工作温度高等情况下应选紧一些的配合;需经常拆卸或游动套圈则应采用较松的配合。与较高公差等级轴承配合的轴与孔,对其加工精度、表面结构中的粗糙度及形位公差都有相应的较高要求,可查阅有关的标准和手册。轴承内圈与轴的配合,常采用的公差代号为 n6、m6、k6、js6 等。轴承外圈与轴承座孔的配合,常采用的公差代号为 K7、J7、H7、G7 等。

　　5.滚动轴承的预紧

　　为了提高轴承的旋转精度,增加轴承装置的刚性,减小机器工作时轴的振动,常采用预紧的滚动轴承。例如机床的主轴轴承,常用预紧来提高其旋转精度与轴向刚度。

　　所谓预紧,就是在安装时给予一定的轴向预紧力,以消除轴承中的游隙,并在滚动体和内、外圈接触处产生弹性预变形。预紧后的轴承受到工作载荷时,其内、外圈的径向及轴向相对移动量要比未预紧的轴承大幅减少。

　　如图 12-17a、b 所示为利用磨窄套圈预紧,夹紧一对磨窄了套圈的轴承实现预紧。如图 12-17c、d 所示为利用加金属垫圈的方法来实现预紧。如图 12-17e、f 所示为用不同长度的套筒预紧,预紧力的大小可以通过两个套筒的长度差加以控制。而如图 12-17g 所示为通过外圈压紧预紧,利用夹紧一对圆锥滚子轴承的外圈而将轴承预紧。

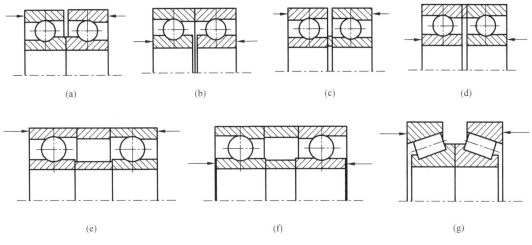

图 12-17 滚动轴承预紧

6. 滚动轴承的润滑

润滑对于滚动轴承具有重要意义,轴承中的润滑剂不仅可以降低摩擦阻力,还起着散热、减小接触应力、吸收振动、防止锈蚀等作用。合理的润滑能够提高轴承性能,延长轴承使用寿命。轴承常用的润滑剂有润滑油和润滑脂两类。此外,也有使用固体润滑剂的,润滑剂与润滑方式的选用与轴承的速度有关。一般高速时采用润滑油,低速时采用润滑脂。可根据滚动轴承的速度因数 dn 值(d 为滚动轴承内径,mm;n 为轴承转速,r/min)来选择。

润滑油的流动性好,润滑性能好。影响其流动性和润滑性能的重要参数是黏度,由于油的黏度会随着温度的升高而降低,所以选择润滑油的种类时应考虑工作温度,工作温度高的应选择黏度高的油。工作温度与滚动轴承的线速度有关,通常按照轴承的速度因数 dn 值选择润滑油黏度,可查阅相关手册。

润滑脂是半固态、半液态的物质,流动性差,容易保持,适用于保养不方便的润滑位置。脂润滑能承受较大的载荷,且其润滑装置结构简单,易于密封。但由于润滑脂的黏度较大,如果滚动轴承中的润滑脂量过多,会使搅动润滑脂所消耗的能量过大,引起摩擦发热,因此通常润滑脂的装填量不超过轴承空间的 1/2。

7. 滚动轴承的密封

密封是为了防止润滑剂从轴承中流失,也为了阻止外界灰尘、水分等进入轴承。按照密封结构的工作原理不同可分为接触式密封和非接触式密封两大类。非接触式密封不受速度的限制。接触式密封是通过阻断被密封物质的泄漏通道的方法实现密封功能,只能用在线速度较低的场合。为了保证密封装置的寿命及减少轴的磨损,轴的接触部分的硬度大于 40 HRC,表面结构中的粗糙度 Ra 值宜小于 1.6 μm。

12.3 主轴箱升降机构的基本组成

机床的主轴箱大部分都涉及升降和运动的问题,如钻床、钻铣床、镗床等。在主轴箱的移动中,因为对其移动的要求不尽相同,因此主轴箱的运动原理差别很大。在镗床的主轴箱运动过程中,是由电机带动传动机构,由控制按钮控制主轴箱的运动;摇臂钻床主轴箱的运动(横移和升降)分别由横移电机通过传动机构和摇臂升降(电机通过传动机构)机构来实现。

本实训课程中的钻铣床主轴箱升降是由人力实现的。通过人工摇动曲柄,曲柄带动蜗杆旋转,带动齿轮旋转,通过立柱上齿条实现立柱的升降,从而实现主轴箱的升降,然后由另外一个手柄锁紧。

主轴箱的运动在设计时,必须考虑到主轴箱移动合适位置后在机器的工作中锁紧。本钻铣床因为结构比较简单,对被加工件的加工精度要求不高,因此对定位要求一般,钻铣床利用了蜗轮蜗杆副的自锁特点,实现了防止自然回落的情况发生。如图 12-18 所示为主轴箱升降原理图。

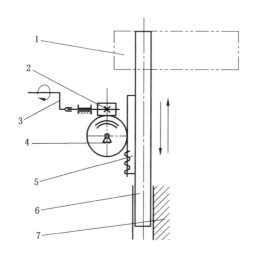

1—主轴箱;2—蜗杆;3—曲柄(摇把);4—蜗轮;5—齿条;6—立柱;7—机座

图 12-18　主轴箱升降原理图

12.4　主轴送进机构及主轴箱升降机构的拆装实训

12.4.1　实训目的和要求

(1)进一步强化对钻铣床主轴送进机构及主轴箱升降机构的基本结构的认识,理解两部分的结构组成及工作原理;

(2)掌握主轴送进机构及主轴箱升降机构的拆卸和装配的方法、步骤和要求。

12.4.2　实训设备、材料和工具

(1)小型立式钻铣床,型号 ZX-16;

(2)常用与专用拆装工具;

(3)各式量具。

12.4.3　实训内容及步骤

12.4.3.1　实训内容

（1）拆卸前观察主轴送进机构及主轴箱升降机构各部分的组成；

（2）拆卸过程中熟悉各部件名称及工作原理；

（3）掌握各部件的装配关系。

12.4.3.2　实训步骤

1.主轴送进机构及主轴箱升降机构的拆卸

主轴送进机构及主轴箱升降机构的拆卸步骤如下：

（1）拆卸弹簧盒，在主轴箱下侧找到弹簧盒的固定螺钉，一般此位置经常选用紧定螺钉，有可能紧定螺钉完全进入箱体。确定落定位置后，一手握住弹簧盒另一边逐渐松开弹簧盒的固定螺钉（此处一定注意不是拆下弹簧盒盖螺钉），缓慢释放弹簧盒直至主轴跟随盒体的转动而下移到最低处，将弹簧盒由主轴箱体拉出。如图 12-19、图 12-20 所示。

注意：弹簧盒的固定螺钉在箱体底部，拆卸弹簧盒时请注意勿将发条弹出，防止伤人。

（2）拆卸送进齿轮，在主轴箱升降手柄轴位置下侧找到限位螺钉后完全拧下，用手托住主轴后向外拉出升降手柄，这时主轴可自由下滑直至完全从主轴箱内拔出如图 12-19、图 12-20 所示。

注意：在取出送进齿轮时请注意防止主轴掉落。

送进齿轮固定螺钉

弹簧盒固定螺钉

(a)　　　　　　　　　　　　　　　　　(b)

图 12-19　弹簧盒和送进齿轮拆卸实物图

（3）拆卸主轴各部件，利用勾扳手将小圆螺母从主轴上拆下，取下止退垫圈，利用铜锤等工具将主轴与主轴套筒分离，拆卸轴承，如图 12-21 所示。

注意：在拆卸主轴和主轴套筒时请注意防止主轴掉落，拆卸轴承时可借助三爪顶拔器。

图 12-20 弹簧盒和送进齿轮拆卸实物图

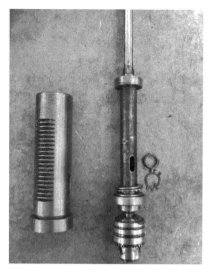

图 12-21 主轴各部件拆卸实物图

（4）将主轴向从立柱上取下，放置在工作台上，然后拆卸锥轴，这部分已在前面有详细叙述，在这不再赘述，如图 12-22 所示。

图 12-22 主轴箱实物图

（5）拆卸主轴箱升降机构，首先将升降机构底座螺栓拆下，取下升降机构。

（6）松开升降锁紧手柄，上下摇动手柄，将齿条与立柱的两个连接螺钉拆下，依次取出立柱和齿条，如图 12-23 所示。

拆卸主轴送进机构及主轴箱升降机构各部件过程中，仔细观察部件之间的装配关系，并思考以下问题：

（1）主轴是如何完成送进和旋转运动的？

（2）止推轴承在安装和设计轴径时，不同的轴承内径应该注意什么问题？

（3）滚动轴承的失效形式有哪几种？

（4）滚动轴承轴系的固定形式有哪几种？

（5）滚动轴承预紧的目的是什么？如何预紧？

（6）圆螺母和小圆螺母有何区别？设计时如何选用？

（7）观察主轴送进机构，主轴的送进是如何进行定尺的？

（8）主轴带轮有卸载功能吗？如果不卸载会如何？

（9）主轴上的止推轴承有何作用？

（10）实际设计和安装时，轴承的侧盖是否需要留有间隙？目的是什么？

（11）当需要保证旋转精度时，如何减小轴承的游隙？

（12）本钻铣床的主轴结构（含零件）设计是否合理与完善？你会如何改进？

（13）升降机构在设计时是否应该考虑人的驱动力的大小？

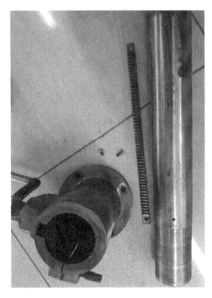

(a) (b)

图 12-23 主轴升降机构拆卸实物图

2. 主轴送进机构及主轴箱升降机构的安装

主轴送进机构及主轴箱升降机构的安装步骤如下：

（1）安装主轴箱升降机构，首先将齿条与齿轮啮合，然后将立柱装入合适位置利用两个螺钉进行固定，最后将升降机构安装至机座上。

注意：安装时注意两个螺钉结构不同，不要混淆，且注意防止立柱卡死。

（2）安装锥轴，已在前面进行详细讲述。

（3）将主轴箱安装至立柱合适位置。

（4）安装主轴各部件，首先将推力轴承安装至原来位置，然后将主轴与主轴套筒安装到位（可以借助铜锤进行敲击），最后安装止退垫圈和小圆螺母。

注意：安装推力轴承时注意方向，安装向心轴承时可借助铜锤和轴承套筒。

（5）安装主轴送进机构，首先将弹簧盒安装至安装孔中，然后将送进齿轮头部卡槽卡住发条,并利用限位螺钉进行安装固定,然后转动弹簧盒为弹簧提供一定的预紧力并利用限位螺钉将弹簧盒固定。

注意:请将弹簧加至合适的预紧力以保证主轴的复位效果。

第13章 钻铣床工作台的认识与拆装实训

13.1 本章提示

知识目标

1.了解钻铣床工作台的基本结构与组成。

2.正确认识齿轮齿条传动的特点及优缺点。

3.了解弹簧的功用与类型。

4.掌握主轴的结构组成及主轴轴承的使用。

5.掌握平面蜗卷弹簧的功用与特点。

6.掌握主轴箱升降机构的组成及基本原理。

能力目标

1.培养学生对机床主轴送进机构和主轴箱升降机构的基本结构及工作原理的了解。

2.使学生通过对主轴送进机构和主轴箱升降机构的拆卸和组装,深入理解两部分的设计理念。

13.2 工作台的基本结构及原理

一般机床导轨都采用两根导轨组合而成。在引导同一部件的一组导轨中,根据受力大小和方向不同,并考虑到工艺性要求,各导轨常做成不同形状组合在一起来应用。三角形导轨导向性好,能自行补偿间隙,矩形导轨工艺性好,因此这两种导轨组合应用最普遍。燕尾槽形导轨高度尺寸较小,能承受一定的颠覆力矩(在垂直于运动方向的平面内),调整方便,但加工检验很不方便,且刚性较差,摩擦力大,所以只用于受力而速度较低的运动导轨,如牛头刨床、车床小刀架、插齿刀架及铣床立柱等。

导轨结合面的松紧对机床的工作性能有很大的影响。配合过紧不仅操作费力还会加快磨损速度,配合过松则将影响运动精度,甚至会产生振动。因此,除装配过程中应仔细调整导轨的间隙外,在使用一段时间后因磨损还需重调整。在导轨摩擦副中,为了提高耐磨性,动导轨和支承导轨应具有不同的硬度。本实训课程钻铣床工作台结构如图13-1、图13-2所示。

13.2.1 燕尾槽导轨间隙调整

为了能承受更大的颠覆力矩,本实训课程所用钻铣床工作台纵横进给机构采用了燕尾槽形导轨,如图13-3所示。工作台的燕尾形导轨与鞍座的燕尾槽组成一个滑动副,工作台的纵向移动丝杠与螺母组成一个螺旋副,丝杠两端由单向推力轴承支承,当摇动丝杠手柄时,螺母固定、螺杆转动并移动,在螺母的反作用下使工作台导轨在鞍座燕尾槽内滑动,产生纵向移动。鞍座的下燕尾槽与底座的燕尾形导轨组成滑动副,横向移动丝杠由底座上的两个单向推力轴承组合在一起单端支承,与吊挂在鞍座下面的横向移动螺母组成螺旋副。当摇动丝杠手柄时,螺杆转动、螺母直线移动,使鞍座的下燕尾槽沿底座燕尾形导轨滑动,产生横向移动。由于加工工艺的困难和使用中的磨损,应使导轨的运动间隙能随时调整在合理的状态,工作台和底座的导轨两侧都是平行的,而鞍座的上、下燕尾槽各有一侧与中心线是不平行的,与平行的燕尾形导轨配合时在这一侧插入一根楔形镶条,其斜率与相对中心线不平行的燕尾槽相同,镶条用来调整燕尾形导轨的侧隙,以保证导轨面的正常接触。

(a) (b)

图 13-1　钻铣床工作台结构实物图

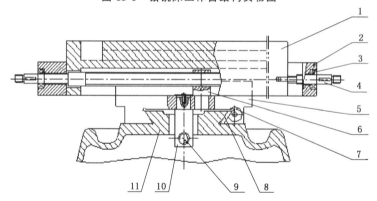

1—工作台;2—轴承座;3—单向推力轴承;4—纵向移动丝杠;5—鞍座;

6—纵向移动螺母;7—调整螺栓;8—镶条;9—横向移动丝杠;10—横向移动螺母;11—底座

图 13-2　钻铣床工作台结构示意图

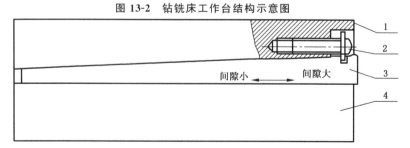

1—尾槽;2—调整螺栓;3—镶条;4—燕尾形导轨

图 13-3　燕尾槽导轨间隙调整结构示意图

13.2.2 机床的润滑

13.2.2.1 润滑方法

机床的润滑方法有以下几种：

（1）集中润滑法：几对分别配置的摩擦副靠一个多出口的润滑装置供油，该装置集中在一个适当的地点加以管理。

（2）分散润滑法：每一对摩擦副由配置在润滑地点附近的各自独立和分离的装置来润滑。

（3）连续润滑法：在设备整个工作期间内，润滑油供送至摩擦副始终是连续不断的。

（4）间歇润滑法：经过一段时间间隔进行一次润滑，时间间隔是由加油人员或由机械装置控制。

（5）压力润滑法：供送的润滑油具有一定的压力。

（6）无压润滑法：靠油本身的重力或位能将油送至摩擦副进行摩擦，可通过绒芯和油垫的毛细管作用来实现。

（7）循环润滑法：在摩擦副进行润滑时，将使用过的油液流回到沉淀油池（油槽），再由专门的润滑装置将油连续不断地供送至摩擦副进行润滑，润滑油可以不断重复使用。

（8）非循环润滑法：润滑装置不考虑将使用过的油自动回到摩擦副中去的润滑方法。

本实训课程所用钻铣床的润滑方法为分散润滑法和间歇润滑法。如图 13-4、图 13-5、图 13-6 所示为常见油杯结构示意图，本实训课程钻铣床使用油杯为图 13-4 的结构，即直通式压注油杯，主要应用于载荷小、速度低、间歇工作的摩擦副，如金属加工机床、汽车、拖拉机、农业机器等。

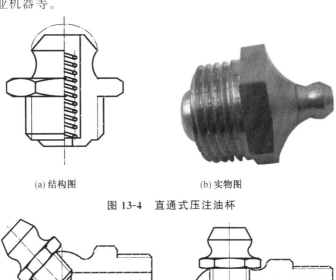

(a) 结构图　　　　　　　　(b) 实物图

图 13-4　直通式压注油杯

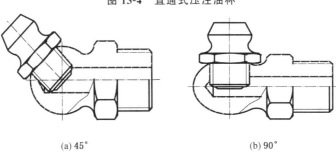

(a) 45°　　　　　　　　(b) 90°

图 13-5　旋盖式油杯安装图

135

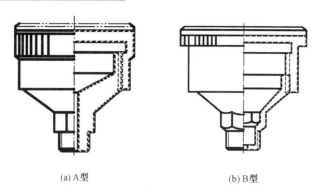

(a) A型   (b) B型

图 13-6   旋盖式油杯结构图

13.2.2.2 润滑剂

润滑剂的种类分为液体润滑剂、半固体润滑剂、气体润滑剂和固体润滑剂四大类。

（1）液体润滑剂：主要有石油润滑剂、合成润滑剂以及其他液体。石油润滑剂具有黏度品种多、挥发性低、惰性好、防腐性强、价格便宜等特点。动物油和植物油是最早使用的润滑油，油性好，常作添加剂使用，但易于变质。

（2）润滑脂（半固体润滑剂）：在液体润滑剂（基础油）中加入增稠剂制成。增稠剂有皂类（如铝皂、钡皂、锂皂、钠皂等）、非皂类（如硅石粉、酞菁颜料等）和填充物（如石墨、石棉、金属粉末等）。

（3）气体润滑剂：空气、氢气、氦气、其他工业气体以及液体金属蒸汽等都可作为气体润滑剂。最常用的为空气，对环境没有污染。用气体作润滑剂主要是由于气体黏度低，所以摩擦阻力极小，温升很低，特别适用于高速场合。

（4）固体润滑剂：主要用于怕油污染、不易维护的场合和特殊工作的环境（如低温、高温、抗辐射、太空或真空等）。固体润滑剂的材料有无机化合物、有机化合物和金属等。无机化合物有石墨、二硫化钼、二硫化钨、硼砂、一氮化硼、硫酸银等，石墨和二硫化钼都是惰性物质，热稳定性好。有机化合物有聚合物、金属皂、动物蜡、油脂等，属于聚合物的有聚四氟乙烯、聚氯氟乙烯、尼龙等。金属有铅、金、银、锡、铟等。

在本实训课程钻铣床结构中使用的润滑剂为液体润滑剂和半固体润滑剂，主要是机油和黄甘油。

13.2.3 螺旋传动的概述

13.2.3.1 螺旋传动的形式

螺旋传动是利用螺杆和螺母组成的螺旋副来传递运动和动力的机构。螺旋传动可实现旋转运动和直线运动的相互转换，还可用作调整和测量元件。因此，螺旋传动广泛应用于机床、起重机械、锻压设备、测量仪器及其他机械设备中。

螺旋传动的形式有以下几种：

（1）螺母不动，螺杆转动并移动，如图 13-7a 所示，多用于螺杆千斤顶、螺旋压力机、铣床工作台升降机构等。本实训课程中钻铣床的横向移动工作台即为这种结构。

（2）螺杆转动，螺母移动，如图 13-7b 所示，多用于机床的进给机构、龙门刨床横梁升降装置等。本实训课程中钻铣床的纵向移动工作台为这种结构。

（3）螺杆固定不动，螺母转动并移动，如图 13-7c 所示，多用于摇臂钻床横臂的升降装置、手动调整机构等。

（4）螺母转动，螺杆移动，如图 13-7d 所示，常用在铲背车床的尾架螺旋及平石磨床的垂直进给螺旋中。但这种运动形式的螺旋副，结构尺寸大且复杂，精度较低，故应用较少。

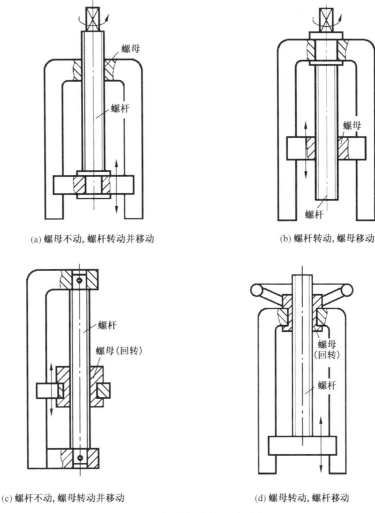

图 13-7　螺旋传动的运动形式

13.2.3.2　螺旋传动的分类

螺旋传动按其用途可分为调整螺旋、起重螺旋和传导螺旋。调整螺旋用以固定零件的位置，一般不在工作载荷作用下做旋转运动，如机床进给机构中的微调螺旋、千分表中的测量螺旋等，如图 13-8 所示的差动式螺旋就是一种典型的微调螺旋。

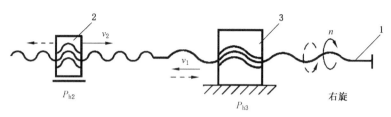

图 13-8 差动式螺旋

在该螺旋副中,螺杆 1 转动并移动,螺母 2 移动,导程为 P_{h2},螺母 3 固定,导程为 P_{h3},当两螺纹旋向相同时,且 P_{h2} 和 P_{h3} 相差很小时,可得到两螺母间的微量位移 S,即

$$S = P_{h2} - P_{h3} \times \varphi \div 360° \tag{13-1}$$

式中:P_{h2}、P_{h3} 单位为 mm;φ 为螺杆的转角,单位为°。

起重螺旋用以举起重物或克服很大的轴向载荷,如螺旋千斤顶,起重螺旋一般为间歇性工作,每次工作时间较短、速度也不高,但轴向力很大,通常需要自锁,因工作时间短,不追求高效率;传导螺旋用以传递动力及运动,如机床丝杠,传导螺旋多在较长时间连续工作,有时速度也较高,因此要求有较高的效率和精度,一般不要求自锁。

按螺纹间摩擦性质不同,螺旋传动可分为滑动螺旋、滚动螺旋和静压螺旋。滑动螺旋摩擦阻力大,易于自锁,结构简单,加工方便,常用于机床进给、分度机构、摩擦压力机和千斤顶等。滚动螺旋摩擦阻力小,低速度不爬行,但抗冲击性能较差,结构复杂,制造困难,常用于机床、测试机械、仪器的传动和调整机构以及转向机构等。静压螺旋摩擦阻力最小,工作平稳无爬行,寿命长,但螺母结构复杂且需要精密供油系统,常用于精密机床的进给、分度机构。

13.2.3.3 滑动螺旋传动的失效形式、常用材料及许用应力

1. 滑动螺旋传动的主要失效形式

滑动螺旋传动工作时,主要承受转矩及轴向拉力(或压力)的作用,而且在螺杆与螺母的旋合螺纹间存在较大的相对滑动。因此滑动螺旋的主要失效形式为螺纹磨损、螺杆断裂、螺纹牙根剪断和弯断,受压螺杆很长时还可能失稳。

2. 滑动螺旋的材料及许用压强、许用应力

螺杆的材料要求有足够的强度,常用 45、50 钢。对于比较重要、要求高的传动需要进行热处理,可选用 T12、65Mn、40Cr、40CrMn、20CrMnTi 等钢。对于精密传动要求热处理后有较好的尺寸稳定性,可选用 9Mn2V、CrWMn 等钢。

螺母材料除要求有足够的强度外,还要求与螺杆材料配副摩擦因数小和耐磨。选用铸造青铜 ZCuSn10Pb1、ZCuSn5Pb5Zn5;重载低速时选用高强度铸青 ZCuAl10Fe3 或铸造黄铜 ZCuZn25A16Fe3Mn3;低速小载荷时也可用耐磨铸铁。

滑动螺旋副材料的许用压强见表 13-1,许用应力见表 13-2。

表 13-1 滑动螺旋副材料的许用压强

螺杆和螺母配副材料	滑动速度 $v/(\text{m/s})$	许用压强 p/MPa
钢、青铜	低速	18～25
	<0.05	11～18
	0.1～0.2	7～10
	>0.25	1～2
钢、钢	低速	7.5～13
钢、耐磨铸铁	0.1～0.2	6～8
钢、铸铁	<0.05	13～18
	0.1～0.2	4～7
淬火钢、青铜	0.1～0.2	10～13

表 13-2 滑动螺旋副材料的许用应力　　　　　　　　　　（单位:MPa）

材料		许用应力		
		$[\sigma]$	$[\sigma]_h$	$[\tau]$
螺杆	钢	$\sigma_s/(3\sim5)$		
螺母	钢		$(1\sim1.2)[\sigma]$	$0.6[\sigma]$
	青铜		40～60	30～40
	耐磨铸铁		50～60	40
	铸铁		45～55	40

13.3　钻铣床的拆装实训

13.3.1　实训目的和要求

（1）进一步强化钻铣床工作台的基本结构,理解其结构组成及工作原理;

（2）掌握钻铣床工作台的拆卸和装配的方法、步骤和要求。

13.3.2　实训设备、材料和工具

（1）小型立式钻铣床,型号 ZX-16;

（2）常用与专用拆装工具;

（3）各式量具。

13.3.3　实训内容及步骤

13.3.3.1　实训内容

（1）拆卸前观察钻铣床工作台机构各部分的组成;

（2）拆卸过程中熟悉各部件名称及工作原理;

（3）掌握各部件的装配关系。

13.3.3.2　实训步骤

1. 钻铣床工作台的拆卸

钻铣床工作台的拆卸步骤如下:

（1）在拆装之前先对照工作台的结构图,观察工作台的外观。轻轻摇动工作台的纵

向丝杠手柄,使工作台运动到其前后限位挡块位置。轻轻摇动横向丝杠手柄,使工作台运动到左右极限位置,再观察工作台外部各零部件的作用。拆卸过程中再对照工作台的结构图,分析每个零件的用途。

(2) 先将横移工作台两侧手柄固定螺母拆下,取下手柄(可以使用三爪顶拔器),将推力轴承拆下,注意推力轴承松环和紧环位置,拆下轴承座,如图 13-9 所示。

(a)   (b)

图 13-9　横移工作台拆卸实物图(一)

(3) 旋松镶条固定螺栓,取出镶条调节螺栓及镶条,将横移工作台水平拉出放置安全位置,双手平端丝杠两端将丝杠及螺母一起取下,如图 13-10 所示。

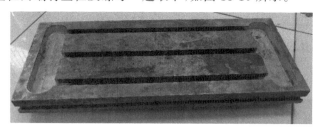

(a)

(b)

图 13-10　横移工作台拆卸实物图(二)

(4) 按上述步骤取下纵移工作台上手柄及轴承座等零件,旋松纵移镶条固定螺栓,取出纵移镶条调节螺栓及镶条,松开纵移丝杠螺母固定螺钉,打开底座下侧箱门取出螺母及丝杠,向前拉出纵移工作台,如图 13-11 所示。

 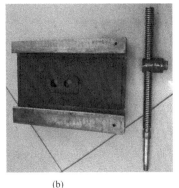

(a)　　　　　　　　　　　(b)

图 13-11　纵移工作台拆卸实物图

注意:拆卸完成后用棉纱擦拭所有零部件;记下轴承的型号并测量在轴承座的安装尺寸和轴上轴承配合处的直径;测量丝杠的螺距和外径,观察丝杠的旋向和牙型;测量镶条的长度和两端的厚度和两对燕尾槽两端的宽度;观察各零件的配合面和非配合面的粗糙度;观察有相对运动的零件配合面的润滑点的设置位置。

拆卸钻铣床各部件过程中,仔细观察部件之间的装配关系,并思考以下问题:

(1)纵向和横向移动机构的螺旋副运动形式有什么不同?

(2)观察纵向丝杠和横向丝杠的螺纹旋向有何不同?

(3)锁紧螺栓和间隙调整装置能不能相互替代?

(4)燕尾槽有几面是运动配合面,有几个加工面?

(5)如果将工作台和底座的燕尾形导轨制成燕尾槽而鞍座改制成燕尾形导轨会带来哪些问题?

2.钻铣床工作台的安装

钻铣床工作台的安装步骤如下:

(1)安装纵移工作台。将纵移工作台滑入导轨,然后从箱门处安装纵移丝杠并加以固定,安装止推轴承(注意松环与紧环的方向)及轴承座,最后安装手柄。

(2)安装纵移工作台镶条和调整螺栓,摇动手柄调整工作台的运动间隙。

(3)运用同样的方法安装横移工作台和调整镶条,并在各润滑点注入少许润滑油后再摇动丝杠手柄进行调试。

齿轮泵篇

第14章 齿轮泵的整体认识及拆装实训

14.1 本章提示

知识目标

1. 了解齿轮泵的基础结构等知识。

2. 了解齿轮泵的工作原理、总体构造。

能力目标

1. 初步了解齿轮泵的类型、工作原理、常见问题、解决办法等基础知识。

2. 具有正确的安全操作意识和规范，正确使用工具及合理拆装。

14.2 齿轮泵基础知识

14.2.1 齿轮泵概述

齿轮泵是液压系统中广泛采用的一种液压泵，它一般做成定量泵，按结构不同，齿轮泵分为外啮合齿轮泵和内啮合齿轮泵，其中外啮合齿轮泵应用最广。

齿轮泵的主要优点是结构简单、制造方便、价格低廉、体积小、重量轻、自吸性能好、对油液污染不敏感、工作可靠、寿命长和便于维护修理等；其主要缺点是流量和压力脉动较大、噪声较大和排量不可调等。

14.2.2 外啮合齿轮泵的工作原理

外啮合齿轮泵的工作原理如图 14-1 所示，其主要结构由泵体、一对啮合的齿轮、泵轴和前、后泵盖组成。泵体内装有一对参数相同的齿轮，齿轮的两端面靠前、后泵盖（图中未画出）密封。泵体、泵盖和齿轮各个齿槽组成封闭的密封容积。齿轮泵没有专门的配流装置，两轮齿沿齿宽方向的啮合线把密封容积分成吸油腔和压油腔两部分，在吸油与压油过程中互不相通。

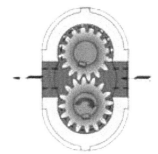

图 14-1 外啮合型齿轮泵
工作原理

当泵的主动齿轮按图示箭头方向旋转时，齿轮泵右侧（吸油腔）齿轮脱开啮合，使密封容积增大，形成局部真空，油箱中的油液在外界大气压的作用下，经过吸油管路、吸油腔进入齿间。随着齿轮的旋转，吸入齿间的油液被带到另一侧，进入压油腔。这时，轮齿进入啮合，使密封容积逐渐减小，齿轮间部分的油液被挤出，形成了齿轮泵的压油过程。齿轮啮合时，齿向接触线把吸油腔和压油腔分开，起到配油作用。当齿轮不断旋转时，吸油腔不断吸油，压油腔不断压油。

14.2.3 CB-B 齿轮泵的结构

CB-B 齿轮泵的结构如图 14-2 所示,它是分离三片式结构,三片是指泵盖 4、8 和泵体 7。泵体 7 内装有一对参数相同、宽度和泵体接近而又互相啮合的齿轮 6,这对齿轮与两端盖和泵体形成一密封腔,并由齿轮的齿顶和啮合线把密封腔划分为两部分,即吸油腔和压油腔。两齿轮分别用键固定在由滚针轴承支承的主动轴 12 和从动轴 15 上,主动轴由电动机带动旋转。本次拆装实训所用齿轮泵即属于这种结构。

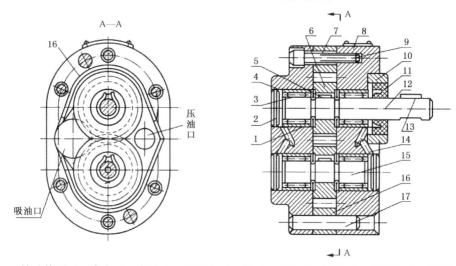

1—轴承外环;2—堵头;3—滚子;4—后泵盖;5—键;6—齿轮;7—泵体;8—前泵盖;9—螺钉;
10—压环;11—密封环;12—主动轴;13—键;14—泄油孔;15—从动轴;16—泻油槽;17—定位销

图 14-2 CB-B 齿轮泵结构

泵的前、后盖和泵体由两个定位销 17 定位,用六只螺钉固紧。为了保证齿轮能灵活地转动,同时又要保证泄漏最小,在齿轮端面和泵盖之间应有适当间隙(轴向间隙),小流量泵轴向间隙为 0.025~0.04 mm,大流量泵为 0.04~0.06 mm。齿顶和泵体内表面间的间隙(径向间隙),由于密封带较长,同时齿顶线速度形成的剪切流动又与油液泄漏方向相反,故对泄漏的影响较小,需要考虑的问题是当齿轮受到不平衡的径向力后,应避免齿顶和泵体内壁相碰,所以径向间隙就可稍大,一般取 0.13~0.16 mm。

为了防止压力油从泵体和泵盖间泄漏到泵外,并减小压紧螺钉的拉力,在泵体两侧的端面上开有泻油槽 16,使渗入泵体和泵盖间的压力油引入吸油腔。在泵盖和从动轴上的小孔,其作用为将泄漏到轴承端部的压力油也引到泵的吸油腔,防止油液外溢,同时也润滑了滚针轴承。

CB-B 齿轮泵属于中低压泵,无法承受高压,额定压力一般为 2.5 MPa,排量为 2.5~125 ML/r,转速为 1450 r/min,主要用于机床液压系统及各种补油、润滑、冷却系统。

14.2.4 内啮合齿轮泵

内啮合齿轮泵有渐开线齿形和摆线齿形两种。这两种内啮合齿轮泵的工作原理和主要特点皆同于外啮合齿轮泵,也是利用齿间密封容积的变化来实现吸、压油的。内啮合摆线齿轮泵有许多优点,如泵的结构紧凑、尺寸小、零件少、重量轻、运转平稳、噪声低、无困油现象、效率高、使用寿命长等,在高转速工作时,有较高的容积效率。内啮合泵的缺点是齿形复杂、加工困难、价格较贵,在低速、高压下工作时,由于齿数较少(一般为4～7个),流量、压力脉动大,啮合处泄漏大,容积效率低,不适合高速、高压工况,所以一般用于中、低压系统,工作压力为 2.5～7 MPa,通常作为润滑、补油等辅助泵使用。

如图 14-3a 所示是内啮合渐开线齿轮泵的工作原理图,配油盘(前、后盖)图中未画出,主动小齿轮 1 带动从动内齿轮 2 同向转动,在吸油窗口 4 处齿轮相互分离形成负压而吸入油液,主动小齿轮和从动内齿轮之间要装一块月牙隔板 3,以便把吸油区 4 和压油区 5 隔开,两轮在压油区 5 处不断嵌入啮合而将油液挤压输出。这种独特结构比较适用于输送黏度大的介质,可用于输送石油、化工、涂料、染料、食品、油脂、医药等行业中的流体。

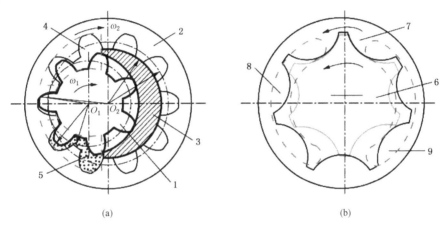

(a)　　　　　　　　(b)

1—主动小齿轮;2—从动内齿轮;3—月牙隔板;4、8—吸油窗口;
5、9—压油窗口;6—主动小齿轮;7—从动内齿轮

图 14-3　内啮合齿轮泵的工作原理

如图 14-3b 所示是内啮合摆线齿轮泵的工作原理图。它是由配油盘(即前、后盖,图中未画出)、偏心安置的主动小齿轮 6 和泵体内的从动内齿轮 7 等组成。主动小齿轮 6 和从动内齿轮 7 相差一齿,由于两轮是多齿啮合,这就形成了若干密封容积。当主动小齿轮 6 围绕中心旋转时,带动从动内齿轮 7 作同向旋转,这时,吸油窗口 8 处两轮形成的密封容积逐渐扩大,于是就形成局部真空,油液从配油窗口被吸入密封腔,至封闭容积最大时吸油完毕。当转子继续旋转时,充满油液的密封容积便逐渐减小,油液受挤压,于是,通过压油区 9 将油排出。主动小齿轮 6 每转一周,由主动小齿轮 6 齿顶和从动内齿轮 7 齿谷所构成的每个密封容积完成吸、压油各一次,当内转子连续转动时,即完成了液压泵的吸、排油工作。

14.3　齿轮泵的拆装实训

14.3.1　实训目的和要求

(1)进一步强化对 CB-B 型齿轮泵基本结构的认识,理解齿轮泵的组成及工作原理;

（2）掌握 CB-B 型齿轮泵的拆卸和装配的方法、步骤和要求；

（3）进一步理解 CB-B 型齿轮泵的设计要点，掌握减速器的设计理念与思想。

14.3.2　实训设备、材料和工具

（1）CB-B 型外啮合齿轮泵；

（2）常用与专用拆装工具。

14.3.3　实训内容及步骤

14.3.3.1　实训内容

（1）拆卸前观察齿轮泵各部分的组成；

（2）拆卸过程中熟悉各部件名称及工作原理；

（3）重点掌握各部件的装配关系及设计思路。

14.3.3.2　实训步骤

1. CB-B 型外啮合齿轮泵的拆卸和安装

本次实训课程所提供的 CB-B 型外啮合齿轮泵实物如图 14-4 所示，拆卸实物图如图 14-5 所示。

图 14-4　CB-B 型外啮合齿轮泵实物图

图 14-5　齿轮泵拆装实物图

CB-B 型外啮合齿轮泵的拆卸和安装步骤及注意事项如下：

（1）拆解齿轮泵时，先用内六角扳手在对称位置松开螺栓，之后取出螺栓，取出定位销，掀去前泵盖，观察并分析工作原理。轻轻取出泵体，观察卸荷槽，消除困油槽及吸、压油腔等结构，理解并掌握其作用。

（2）装配齿轮泵时，先将齿轮轴装在后泵盖内，轻轻装上泵体和前泵盖，打紧定位销，拧紧螺栓，注意使其受力均匀。

（3）拆装中应用铜棒敲打零部件，以免损坏零部件。

（4）拆卸过程中，遇到元件卡住的情况时，不要乱敲硬砸，请指导老师来解决。

（5）装配时，遵循先拆的零部件后安装，后拆的零部件先安装的原则，正确合理地安装，较脏的零部件应用煤油清洗后才可安装，安装完毕后应使泵转动灵活，不能出现卡死现象。

2.思考题

在拆卸和安装过程中思考以下问题：

（1）本齿轮泵的端面是如何密封的？

（2）本齿轮泵的困油现象是如何解决的？

（3）本齿轮泵如何固定在机架上？

（4）本齿轮泵的润滑是如何实现的？

CB-B 型外啮合齿轮泵的拆卸和安装比较简单,下面将主要向学生介绍拆卸完成后 CB-B 型外啮合齿轮泵的设计要点及注意事项等方面的知识,重点培养学生的设计能力。

14.3.3.3 齿轮泵的设计要点及存在的问题

1.齿轮泵的排量和流量计算

齿轮泵的排量 V 相当于一对齿轮所有齿槽容积之和,假设齿槽容积大致等于轮齿的体积,那么,齿轮泵的排量等于一个齿轮的齿槽容积和轮齿容积体积的总和,即相当于以有效齿高（$h=2m$）和齿宽构成的平面所扫过的环形体积,即

$$V = \pi DhB = 2\pi z m^2 B \qquad (14-1)$$

式中：D 为齿轮分度圆直径,$D=mz$（cm）；h 为有效齿高,$h=2m$（cm）；B 为齿轮宽（cm）；m 为齿轮模数（cm）；z 为齿数。

实际上,齿槽的容积要比轮齿的体积稍大,故上式中的 π 常以 3.33 代替,则式（14-1）可写成

$$V = \pi DhB = 6.66 z m^2 B \qquad (14-2)$$

齿轮泵的实际流量 q（L/min）为

$$q = 6.66 z M^2 B n \eta_v \times 10^{-3} \qquad (14-3)$$

式中：n 为齿轮泵转速（r/min）；η_v 为齿轮泵的容积效率。

实际上,齿轮泵的输油量是有脉动的,故式（14-3）所表示的是泵的平均输油量。

从上面公式可以看出流量和几个主要参数的关系如下：

（1）输油量与齿轮模数的平方成正比。

（2）在泵的体积一定时,齿数少,模数就大,故输油量增加,但流量脉动大,流量脉动引起压力脉动,随之引起振动和噪声；齿数增加时,模数就小,输油量减少,流量脉动也小。高精度机械不宜采用外啮合齿轮泵。用于普通机床上的低压齿轮泵,取 $z=13\sim19$,而对中高压齿轮泵,取 $z=6\sim14$,因为齿数 $z<14$ 时,齿轮要进行修正。

（3）输油量与齿宽 B、转速 n 成正比。一般,齿宽 $B=(6\sim10)m$；转速 n 为 730 r/min、970 r/min、1450 r/min,转速过高,则会造成吸油不足；转速过低,泵也不能正常工作。一般,齿轮的最大圆周速度不应大于 $5\sim6$ m/s。

2.齿轮泵存在的问题及解决方法

（1）齿轮泵的困油问题

齿轮泵若要连续供油，就要求齿轮啮合的重合度 ε 大于1，也就是当一对齿轮尚未脱开啮合时，另一对齿轮已进入啮合，这样，就出现同时有两对齿轮啮合的瞬间，在两对齿轮的齿向啮合线之间形成了一个封闭容积，一部分油液也就被困在这一封闭容积中，见图14-6a。齿轮连续旋转时，这一封闭容积便逐渐减小，到两啮合点处于节点两侧的对称位置时，见图14-6b，封闭容积为最小，齿轮再继续转动时，封闭容积又逐渐增大，直到图14-6c所示位置时，容积又变为最大。在封闭容积减小时，被困油液受到挤压，压力急剧上升，使轴承上突然受到很大的冲击载荷，使泵剧烈振动，这时，高压油从一切可能泄漏的缝隙中挤出，造成功率损失，使油液发热等。当封闭容积增大时，由于没有油液补充，因此形成局部真空，使原来溶解于油液中的空气分离出来，形成了气泡，油液中产生气泡后，会引起噪声、气蚀等一系列恶果，以上情况就是齿轮泵的困油现象。这种困油现象极为严重地影响着泵的工作平稳性和使用寿命。

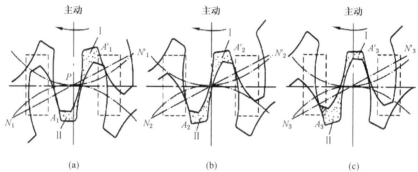

图 14-6　齿轮泵的困油现象

为了消除齿轮泵困油现象，在 CB-B 型齿轮泵的泵盖上铣出两个困油卸荷凹槽，其几何关系如图14-7所示。卸荷槽的位置应该使困油腔由大变小时，能通过卸荷槽与压油腔相通，而当困油腔由小变大时，能通过另一卸荷槽与吸油腔相通。两卸荷槽之间的距离为 a，必须保证在任何时候都不能使压油腔和吸油腔互通。

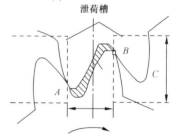

图 14-7　齿轮泵的困油卸荷槽图

按上述对称开设卸荷槽，当困油封闭腔由大变至最小时（见图14-7），由于油液不易从即将关闭的缝隙中挤出，故封闭油压仍将高于压油腔压力；齿轮继续转动，当封闭腔和吸油腔相通的瞬间，高压油又突然和吸油腔的低压油相接触，会引起冲击和噪声。于是 CB-B 型齿轮泵将卸荷槽的位置整个向吸油腔侧平移了一个距离。这时，封闭腔只有在由小变至最大时才与压油腔断开，油压没有突变，封闭腔和吸油腔接通时，封闭腔不会出现真空，也没有压力冲击，这样改进后，使齿轮泵的振动和噪声得到了进一步改善。

（2）齿轮泵的径向不平衡力

齿轮泵工作时，在齿轮和轴承上承受径向液压力的作用。如图 14-8 所示，泵的下侧为吸油腔，上侧为压油腔。在压油腔内有液压力作用于齿轮上，沿着齿顶的泄漏油，具有大小不等的压力，就使齿轮和轴承受到的径向力不平衡。液压力越高，这个不平衡力就越大，其结果不仅加速了轴承的磨损，降低了轴承的寿命，甚至导致轴发生变形，造成齿顶和泵体内壁的摩擦等。

为了解决径向力不平衡问题，在有些齿轮泵上，采用开设压力平衡槽的办法来消除径向不平衡力，如图 14-9 所示。但这将使泄漏增大，容积效率降低等。CB-B 型齿轮泵则采用缩小压油腔，以减少液压力对齿顶部分的作用面积来减小径向不平衡力，所以泵的压油口孔径比吸油口孔径要小。

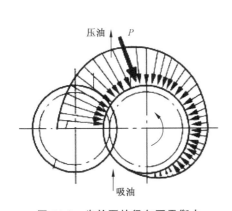

图 14-8　齿轮泵的径向不平衡力

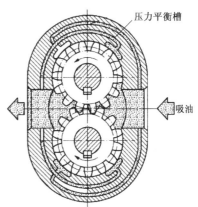

图 14-9　在端面上开平衡槽

（3）齿轮泵的泄漏

在液压泵中，运动件之间是靠微小间隙密封的，这些微小间隙从运动学上形成摩擦副，而高压腔的油液通过间隙向低压腔泄漏是不可避免的；齿轮泵压油腔的压力油可通过三条途径泄漏到吸油腔：一是通过齿轮啮合线处的间隙（齿侧间隙）；二是通过泵体定子环内孔和齿顶间隙的径向间隙（齿顶间隙）；三是通过齿轮两端面和侧板间的间隙（端面间隙）。在这三类间隙中，端面间隙的泄漏量最大，可占 $70\%\sim80\%$，压力越高，由间隙泄漏的液压油液就愈多，因此外啮合齿轮泵容积效率低，一般只适合应用于低压场合。

上述齿轮泵由于泄漏大，且存在径向不平衡力，故压力不易提高。为了实现齿轮泵的高压化，提高齿轮泵的压力和容积效率，需要从结构上采取措施。高压齿轮泵就是针对上述问题采取了一些措施，如：尽量减小径向不平衡力和提高轴与轴承的刚度；对泄漏量最大处的端面间隙，采用了自动补偿装置等。外啮合齿轮泵在采取了一系列的高压化措施后，额定压已达 32 MPa。

变速器篇

第15章 变速器的整体认识及拆装实训

15.1 本章提示

知识目标

1. 了解变速器的基础知识。

2. 了解变速器的工作原理、总体构造。

3. 了解差速器的结构原理及设计要点。

能力目标

1. 初步了解变速器的类型、结构,掌握差速器设计要点等基础知识。

2. 具有正确的安全操作意识和规范,正确使用工具及合理拆装。

15.2 变速器基础知识

15.2.1 变速器概述

汽车的实际使用情况非常复杂,如起步、怠速停车、低速或高速行驶、加速、减速、爬坡和倒车等,而目前汽车广泛采用活塞式内燃机作为动力源,输出转速太高、转矩低,无法满足汽车对于转速较低、转矩高的要求,同时,其转矩和转速变化范围较小,难以适应汽车车速和牵引力大范围变化的实际需要。为了解决这些问题,同时使发动机在有利的工况下(功率较高、油耗较低)工作,在传动系统中设置了变速器。

变速器就是能随时改变传动比的传动机构,它一般是一台机器整个传动系统的一部分,很少作为独立的传动装置使用,所以也常称其为变速机构。变速器根据其使用类型不同,结构也有所不同,一般变速器由变速传动机构和操纵机构组成,有的变速器还可以加装动力输出器。变速器的传动机构由齿轮、轴、轴承、啮合套或同步器及壳体等组成。

变速器的功用有如下四个方面:

(1)变速器用于改变汽车发动机的转矩及转速,以适应汽车在起步、加速、行驶以及克服各种道路障碍等不同行驶条件下对驱动车轮牵引力及车速的不同要求。

(2)变速器还用于在发动机旋转方向不变的情况下使汽车倒退行驶。

(3)在汽车起动、怠速、换挡、滑行或进行动力输出时,中断发动机与传动系统的动力传递。

(4)变速器必要时还应有动力输出功能。

15.2.2 变速器的类型

15.2.2.1 按传动比变化方式分类

按变速器传动比变化方式分为有级式、无级式和综合式三种。

(1)有级式变速器。它采用齿轮传动,有几个可选择的固定传动比。轿车和轻型、中型货车变速器多采用 3～5 个前进挡和一个倒挡;重型汽车上的变速器挡位较多,有的还装有副变速器。

按变速器所用齿轮轮系形式不同,可以分为轴线固定式(普通齿轮变速器)和轴线旋转式(行星齿轮变速器)。前者将若干对圆柱齿轮安装在固定的平行轴上组成变速传动机构,机械变速器大多属于这种结构形式。后者采用行星齿轮机构组成变速传动机构,此种形式主要在自动变速器中应用。

齿轮式变速器具有结构简单、易于制造、工作可靠和传动效率高等优点,其应用最为广泛。

(2) 无级式变速器 CVT(Continuously Variable Transmission)。其传动比在一定数值范围内可连续无限多级变化,常见的有电力式和液力式两种。电力式无级变速器的变速传动部件为直流串激电动机(无轨电车、超重型自卸车),液力式无级变速器的变速传动部件是液力变矩器。

(3) 综合式变速器。由液力变矩器和行星齿轮式变速器组成的液力机械式变速器,其传动比可在最大值和最小值之间的几个间断范围内作无级变化,目前应用较多。

15.2.2.2　按变速器操纵机构分类

按变速器操纵机构分为强制操纵式(手动变速器)、自动操纵式(自动变速器)和半自动操纵式(半自动变速器)三种。

(1) 手动变速器 MT(Manual Transmission)。由驾驶员直接操纵换挡杆来选定挡位,并拨动变速器换挡装置变换挡位。

(2) 自动变速器 AT(Automatic Transmission)。在某一传动范围内(一般是在前进挡),由变速器的自动控制系统根据发动机的负荷和车速的变化自动选定挡位并变换挡位,即自动地改变传动比,驾驶员只需要操纵加速踏板以便控制车速。

(3) 半自动操纵式变速器有两种形式:一种是常用挡位自动控制换挡,其余挡位由驾驶员手控;另一种采用预选挡方式,即驾驶员通过预选按钮设定挡位,通过设在离合器和油门踏板上的控制开关完成换挡。

15.2.3　普通齿轮变速器的基本工作原理

普通齿轮变速器是利用不同齿数的齿轮啮合传动来实现转矩和转速的改变的。由齿轮传动的基本原理可知,一对齿数不同的齿轮啮合传动时可以实现变速,而且两齿轮的转速比与其齿数成反比,主动齿轮(即输入轴)转速与从动齿轮(即输出轴)转速之比值称为传动比。设主动齿轮转速为 n_1,齿数为 z_1,从动齿轮转速为 n_2,齿数为 z_2,传动比用字母 i_{12} 表示,即

$$i_{12} = \frac{n_1}{n_2} = \frac{z_2}{z_1} \tag{15-1}$$

当小齿轮为主动齿轮,带动大齿轮转动时,输出转速降低,即 $n_2 < n_1$,称为减速传动,此时传动比 $i > 1$,如图 15-1a 所示;当大齿轮驱动小齿轮时,输出转速升高,即 $n_2 > n_1$,称

为增速传动,此时传动比 $i<1$,如图 15-1b 所示,这就是齿轮传动的变速原理。汽车变速器就是根据这一原理利用若干大小不同的齿轮副传动而实现变速的。

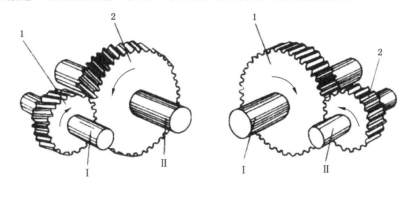

(a) 减速传动   (b) 增速传动

1—主动齿轮;2—从动齿轮;Ⅰ—输入轴;Ⅱ—输出轴

图 15-1 齿轮传动的基本原理

15.3 两挡变速箱的拆装实训

15.3.1 实训目的和要求

(1) 了解变速箱的工作原理;

(2) 了解同步器的工作原理;

(3) 了解差速器的工作原理。

15.3.2 实训设备、材料和工具

(1) 两挡变速箱;

(2) 常用与专用拆装工具。

15.3.3 实训内容及步骤

15.3.3.1 实训内容

(1) 拆卸前观察变速箱各部分的组成;

(2) 拆卸过程中熟悉各部件名称及工作原理;

(3) 重点掌握各部件的装配关系及设计思路。

15.3.3.2 实训步骤

1. 两挡变速箱的拆卸

本次实训课程所提供的两挡变速箱实物如图 15-2 所示。

两挡变速箱的拆卸步骤如下:

(1) 首先把两挡变速箱的换挡手柄拆掉,按顺序拆掉 12 个沉头螺钉打开壳体,如图 15-3 所示。

注意:打开壳体前应注意提前取出换挡滚珠和弹簧,以免掉落。

图 15-2　两挡变速箱实物图

图 15-3　两挡变速箱内部拆装实物图

（2）按顺序拆卸两挡变速箱的输入轴、中间轴、差速器，如图 15-4 所示。

(a)

(b)

图 15-4　输入轴、中间轴、差速器拆装实物图

（3）拆卸同步器总成，如图 15-5 所示。

图 15-5　同步器总成实物图

2.两挡变速箱的安装

（1）同步器总成的装配：先将滑动齿套对准同步毂，套上齿套并装配在一起，再将定位块从小端装入推块的相应安装孔内，然后用螺丝刀将同步器弹簧压下，最后将固定同步锥盘的卡环可靠地置于卡环槽内，如图 15-6 所示。

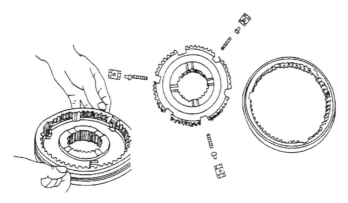

图 15-6　同步器总成的装配

（2）安装同步器、中间轴、输入轴等，如图 15-7 所示。

图 15-7　安装完成图

（3）安装壳体、换挡手柄等外部零部件，完成变速器的安装。

在变速器的拆卸和安装过程中请思考以下问题：

（1）同步器的作用是什么？

（2）同步器与同步环有何不同？

（3）差速器的作用是什么？没有差速器车辆在运行中会发生什么情况？

（4）车轮打滑过程中差速器会出现什么情况？目前如何解决？

由以上变速器拆卸和安装可知两挡变速器的拆装比较简单，下面将主要介绍两挡变速器中差速器的设计过程及注意事项等方面的知识，重点培养学生的设计能力。

15.3.3.3　差速器基本概述与设计要点

1. 差速器结构形式

汽车转弯时内侧车轮行程比外侧车轮短，左右两轮接触的路面条件不同，行驶阻力不等而使左右车轮行程不等，左右两轮胎内的气压不等、胎面磨损不均匀、两车轮上的负荷不均匀而引起车轮滚动半径不相等也会导致左右车轮行程不等。如果驱动桥的左右车轮刚性连接，则行驶时不可避免地会产生驱动轮在路面上的滑移或滑转，这不仅会加剧轮胎磨损与功率和燃料的消耗，而且会使转向沉重，车辆的通过性和操纵稳定性则会变坏。为此,在驱动桥的左右车轮间都装有轮间差速器,从而保证了驱动桥两侧车轮在行程不等时具有不同的旋转角速度,避免驱动轮在路面上滑移或滑转。

差速器用来在两输出轴间分配转矩,并保证两输出轴有可能以不同角速度转动。差速器按其结构特征不同,分为齿轮式、凸轮式、蜗轮式和牙嵌自由轮式等多种形式。

2. 对称锥齿轮式差速器

汽车上广泛采用的差速器为对称锥齿轮式差速器,它具有结构简单、质量较小等优点,故应用广泛。它又可分为普通锥齿轮式差速器、摩擦片式差速器和强制锁止式差速器等。这里我们将主要介绍普通锥齿轮差速器。

普通锥齿轮式差速器由于结构简单、工作平稳可靠,所以广泛应用于一般使用条件的汽车驱动桥中。图 15-8 为其示意图,图中 ω_0 为差速器壳的角速度;ω_1、ω_2 分别为左、右两半轴的角速度;T_0 为差速器壳接受的转矩;T_r 为差速器的内摩擦力矩;T_1、T_2 分别为左、右两半轴对差速器的反转矩。

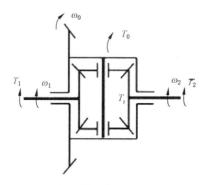

图 15-8　普通锥齿轮式差速器示意图

根据运动分析可得

$$\omega_1 + \omega_2 = 2\omega_0 \tag{15-2}$$

显然,当一侧半轴不转时,另一侧半轴将以两倍的差速器壳体角速度旋转;当差速器壳体不转时,左、右半轴将等速、反向旋转。

根据力矩平衡可得

$$T_1 + T_2 = T_0 \tag{15-3}$$

$$T_2 - T_1 = T_r \tag{15-4}$$

差速器的性能常以锁紧系数 k 来表征,定义为差速器的内摩擦力矩与差速器壳接受的转矩之比,由下式确定

差速器壳接受的转矩

$$k = T_r / T_0 \tag{15-5}$$

综合式(15-3)、式(15-4)可得

$$T_1 = 0.5T_0(1 - k) \tag{15-6}$$

$$T_2 = 0.5T_0(1 + k) \tag{15-7}$$

定义半轴的转矩比为 $k_b = T_2/T_1$,则 k_b 与 k 之间有

$$k_b = \frac{1+k}{1-k} \tag{15-8}$$

$$k = \frac{k_b - 1}{k_b + 1} \tag{15-9}$$

普通锥齿轮差速器的锁紧系数一般为 $0.05 \sim 0.15$,两半轴的转矩比为 $1.11 \sim 1.35$,这说明左、右半轴的转矩差别不大,故可以认为分配给两半轴的转矩大致相等,这样的分配比例对于在良好路面上行驶的汽车来说是合适的。当汽车越野行驶或在泥泞、冰雪路面上行驶,一侧驱动车轮与地面的附着系数很小时,尽管另一侧车轮与地面有良好的附着,其驱动转矩也不得不随附着系数小的一侧同样地减小,无法发挥潜在的牵引力,以致使汽车停驶。

3. 普通锥齿轮差速器齿轮设计主要参数选择

(1) 行星齿轮数 n

行星齿轮数 n 需根据承载情况来选择,在承载不大的情况下 n 可取 2,反之应取 $n = 4$。

(2) 行星齿轮球面半径 R_b

行星齿轮球面半径 R_b 反映了差速器锥齿轮节锥距的大小和承载能力,可根据经验公式来确定

$$R_b = K_b \sqrt[3]{T_d} \tag{15-10}$$

式中:K_b 为行星齿轮球面半径系数,$K_b = 2.5 \sim 3.0$,对于有四个行星齿轮的轿车和公路用货车取小值,对于有两个行星齿轮的轿车及四个行星齿轮的越野车和矿用车取大值;T_d 为差速器计算转矩($N \cdot m$),$T_d = \min[T_{ce}, T_{cs}]$;$R_b$ 为球面半径(mm)。

行星齿轮节锥距 A_0 为

$$A_0 = (0.98 \sim 0.99) R_b \tag{15-11}$$

(3) 行星齿轮和半轴齿轮齿数 z_1、z_2

为了使轮齿具有较高的强度,希望取较大的模数,但尺寸会增大,于是又要求行星齿轮的齿数 z_1 应取少些,但 z_1 一般不少于 10,半轴齿轮齿数 z_2 在 $14 \sim 25$ 之间选用。大多数汽车的半轴齿轮与行星齿轮的齿数之比 z_2/z_1 在 $1.5 \sim 2.0$ 的范围内。

为使两个或四个行星齿轮能同时与两个半轴齿轮啮合,两半轴齿轮的齿数和必须能被行星齿轮数整除,否则差速齿轮不能装配。

(4) 行星齿轮和半轴齿轮节锥角 γ_1、γ_2 及模数 m

行星齿轮和半轴齿轮节锥角 γ_1、γ_2 分别为

$$\gamma_1 = \arctan \frac{z_1}{z_2} \tag{15-12}$$

$$\gamma_2 = \arctan\frac{z_2}{z_1} \tag{15-13}$$

锥齿轮大端端面模数 m 为

$$m = \frac{2A_0}{z_1}\sin\gamma_1 = \frac{2A_0}{z_2}\sin\gamma_2 \tag{15-14}$$

（5）压力角 α

汽车差速齿轮大都采用压力角为 $22°30'$，齿高系数为 0.8 的齿形。某些总质量较大的商用车采用 $25°$ 压力角，以提高齿轮强度。

（6）行星齿轮轴直径 d 及支承长度 l

行星齿轮轴直径 d(mm) 为

$$d = \sqrt{\frac{T_0 \times 10^3}{1.1\,[\sigma_c]nl}} \tag{15-15}$$

式中：T_0 为差速器壳传递的转矩（N·m）；n 为行星齿轮数；l 为行星齿轮支承面中点到锥顶的距离（mm），约为半轴齿轮齿宽中点处平均直径的一半；$[\sigma_c]$ 为支承面许用挤压应力，取 98 MPa；行星齿轮在轴上的支承长度 $l=1.1\,d$。

15.4　手动变速器的结构与认识

手动变速器按工作轴的数量（不包括倒挡轴）来分，可分为三轴式变速器、两轴式变速器和组合式变速器。

15.4.1　三轴式变速器的传动机构

如图 15-9 所示为三轴式齿轮传动形式。其特点是有三根轴：输入轴Ⅰ、输出轴Ⅱ和中间轴Ⅲ。输入轴Ⅰ与输出轴Ⅱ的轴线在同一条直线上，中间轴Ⅲ的轴线与输入轴轴线平行。输入轴主动齿轮 1 与中间轴从动齿轮 2 是常啮合传动齿轮，中间轴主动齿轮 3 与输出轴从动齿轮 4 啮合，每一个挡位采用两对齿轮传动，变速器输出轴的转动方向与输入轴（发动机曲轴）的转动方向相同。

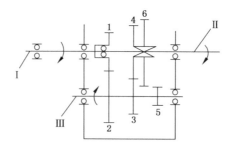

Ⅰ—主动轴；Ⅱ—从动轴；Ⅲ—中间轴；1、2、3、4、5、6—传动齿轮

图 15-9　三轴式齿轮传动结构简图

其传动比按下式计算：

$$i_{14} = i_{12} \cdot i_{34} = \frac{n_1}{n_2} \cdot \frac{n_3}{n_4} = \frac{z_2}{z_1} \cdot \frac{z_4}{z_3} \tag{15-16}$$

三轴式齿轮传动主要应用于发动机前置后轮驱动的汽车变速器上。在中型、轻型货车上广泛采用三轴式变速器,这样可以通过两级齿轮传动得到较大的传动比。

如图 15-10 所示是一台典型的六挡固定轴式手动变速器。它由三根分别称之为输入轴(又称第一轴)22、中间轴 21 和输出轴(第二轴)11,以及一系列传动所需齿轮组成。第一轴前端借离合器与发动机曲轴相连,输出轴后端通过凸缘与万向传动装置相接。齿轮 1 与输入轴制成一体,与齿轮 20 构成常啮合传动齿轮副。齿轮 12、15、16、17、18、19 和 20 都固定于中间轴上,相应的齿轮 4、5、6、7、9 和 10 则空套在输出轴上。接合套花键毂借内花键与输出轴固联,与花键毂相套的接合套可以在换挡拨叉作用下沿花键毂作轴向滑动。

变速器通过输入轴常啮合齿轮将动力传给中间轴,中间轴经过其上各挡常啮合齿轮将力传给输出轴上空套的相应各齿轮,当接合套将花键毂与输出轴某挡齿轮上相应的接合齿圈相结合时,便可实现某一挡的传动。当所有接合套均处于中间位置时,变速器并无动力输出,此时变速器为空挡。

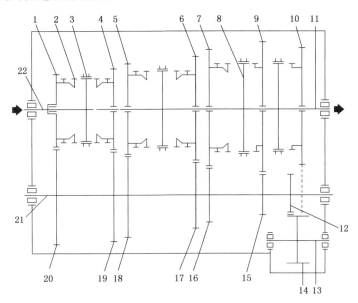

1—输入轴常啮合齿轮;2—六挡同步器;3—接合套;4—输出轴五挡齿轮;5—输出轴四挡齿轮;
6—输出轴三挡齿轮;7—输出轴二挡齿轮;8—接合套花键毂;9—输出轴一挡齿轮;
10—输出轴倒挡齿轮;11—输出轴;12—中间轴倒挡齿轮;13—倒挡轴;14—倒挡中间齿轮;
15—中间轴一挡齿轮;16—中间轴二挡齿轮;17—中间轴三挡齿轮;18—中间轴四挡齿轮;
19—中间轴五挡齿轮;20—中间轴常啮合齿轮;21—中间轴;22—输入轴

图 15-10 三轴式变速器传动机构示意图

例如挂一挡时,靠拨叉使接合套右移,当与齿轮 9 上的接合齿圈接合后,动力便可从输入轴依次经齿轮 1 和 20、中间轴、齿轮 15 和 9,以及相应的接合齿圈、接合套和花键毂传给输出轴,因此,一挡传动比为

$$i_1 = \frac{z_{20}}{z_1} \cdot \frac{z_9}{z_{15}} \qquad (15\text{-}17)$$

如此类推,可知各前进挡速比如下:

$$i_2 = \frac{z_{20}}{z_1} \cdot \frac{z_7}{z_{16}}; i_3 = \frac{z_{20}}{z_1} \cdot \frac{z_6}{z_{17}}; i_4 = \frac{z_{20}}{z_1} \cdot \frac{z_5}{z_{18}}; i_5 = \frac{z_{20}}{z_1} \cdot \frac{z_4}{z_{19}} \qquad (15\text{-}18)$$

当接合套 3 左移与齿轮 1 上的接合齿圈结合时,动力从输入轴经过齿轮 1 和其上的接合圈、接合套 3 以及花键毂直接传给输出轴,这种不经中间轴齿轮传动,而将输入轴与输出轴直接相连实现的传动称为直接挡,其速比为 1(变速器六挡速比为 1)。由于该挡传动时,变速器输入和输出轴事实上就是一根轴,故传动效率高达 100%。

轻载条件下为了降低汽车在良好路面上行驶的燃油消耗量,许多轿车和载货汽车的变速器会在直接挡之后加设一个速比小于 1 的超速挡,以此来提高发动机的使用负荷率,达到节省燃油的目的。

为实现汽车逆向行驶,变速器中间轴的一侧设置了一根倒挡轴 13(图中按惯例将倒挡轴画在了中间轴的下方),轴上空套的倒挡中间齿轮 14 是一个改变旋向的惰轮,它分别与输出轴倒挡齿轮 10 和中间轴倒挡齿轮 12 啮合。当齿轮 10 旁的接合套右移与该齿轮上的接合齿圈结合时,便可获得倒挡。倒挡传动比为

$$i_R = \frac{z_{20}}{z_1} \cdot \frac{z_{14}}{z_{12}} \cdot \frac{z_{10}}{z_{14}} = \frac{z_{20}}{z_1} \cdot \frac{z_{10}}{z_{12}} \qquad (15\text{-}19)$$

从保证倒车安全出发,倒挡速比较大,这样可获得较低的倒挡车速。

15.4.2 二轴式变速器的传动机构

如图 15-11 所示为二轴式齿轮传动形式,其特点是只有两根轴:输入轴Ⅰ,输出轴Ⅱ。输入轴Ⅰ与输出轴Ⅱ的轴线相互平行,动力从输入轴输入,经一对齿轮传动后,直接由输出轴输出。每一个挡位采用一对齿轮传动,各挡均采用同步器换挡,输出轴(变速器输出轴)的转动方向与输入轴(发动机曲轴)的转动方向相反。

在发动机前置前轮驱动或发动机后置后轮驱动的各型汽车上,通常采用二轴式变速器。由于布置上对紧凑性的要求,这种变速器常与主减速器联为一体,共同组成变速驱动桥(见图 15-12)。由于这种变速器从输入轴到输出轴只经过了一对齿轮传动,所以获得的减速比较小;由于它无法

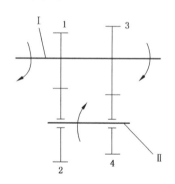

Ⅰ—主动轴;Ⅱ—从动轴;
1、2、3、4—传动齿轮

图 15-11 二轴式齿轮传动结构简图

设置直接挡,因而没有传动效率高达 100% 的挡位,但是其余各挡位的传动效率高、噪声小。

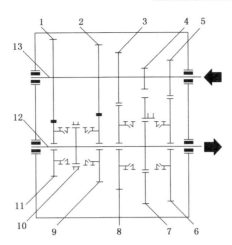

1—输入轴四挡齿轮;2—输入轴三挡齿轮;3—输入轴二挡齿轮;4—输入轴倒挡齿轮;

5—输入轴一挡齿轮;6—输出轴一挡齿轮;7—输出轴倒挡齿轮;8—输出轴二挡齿轮;

9—输出轴三挡齿轮;10　接合套;11—输出轴四挡齿轮;12—输出轴;13—输出轴

图 15-12　二轴式变速器传动机构示意图

输入轴 13 和输出轴 12 相互平行,输入轴前端借离合器与发动机曲轴相连,输出轴后端加工成锥齿形状,作为主减速器主动齿轮。齿轮 1、2、3、4、5 都固定于输入轴上,相应的齿轮 11、9、8、7、6 则空套在输出轴上。接合套花键毂借内花键与输出轴固联,与花键毂相套的接合套可以在换挡拨叉作用下沿花键毂作轴向滑动。

例如挂一挡时,靠拨叉使接合套右移,当齿轮 6 上的接合齿圈接合后,动力便可从输入轴依次经齿轮 5 和 6 以及相应的接合齿圈、接合套和花键毂传给输出轴,因此,一挡传动比为

$$i_1 = \frac{z_6}{z_5} \tag{15-20}$$

依此类推,可知各挡速比如下:

$$i_R = \frac{z_7}{z_4}; i_2 = \frac{z_8}{z_3}; i_3 = \frac{z_9}{z_2}; i_4 = \frac{z_{11}}{z_1} \tag{15-21}$$

15.4.3　组合式变速器的传动机构

对于装载质量大、使用路况复杂的重型汽车来说,为保证其空载和满载都具有良好的动力性和燃油经济性,要求变速器具有更多挡位和更大的变速范围。由于受到结构过于复杂和生产成本过高等因素的制约,全新开发六挡以上变速器的方法很少被采用。通常多以组合的方式,用一个四挡或五挡变速器为基体(称作主变速器),配之以一个或两个具有两挡的副变速器,构成拥有成倍于主变速器挡数的组合式变速器。副变速器多与主变速器制成一体,当副变速器传动比较大时,多置于主变速器之后,有利于减小主变速器重量和尺寸;而副变速器传动比较小时,可采用前置副变速器形式。

如图 15-13 所示为常见的一种组合式变速器的传动机构示意图。它是由四挡主变速器Ⅰ和两挡(高速挡和低速挡)副变速器Ⅱ串联而成。副变速器位于主变速器之后,主变

速器的输出轴 21 为副变速器的输入轴,动力由副变速器输出轴 17 输出。组合式变速器的传动比为

$$i = i_I \cdot i_{II} \tag{15-22}$$

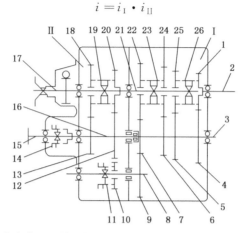

1—主变速器输入轴常啮合齿轮;2—输入轴;3—主变速器中间轴;4—主变速器中间轴常啮合齿轮;

5—主变速器中间轴三挡齿轮;6—主变速器中间轴二挡齿轮;7—主变速器中间轴一挡齿轮;8—倒挡轴;

9—倒挡传动齿轮;10—倒挡空套齿轮;11、19、23、26—接合套;12—副变速器中间轴常啮合齿轮;

13—副变速器中间轴低俗挡齿轮;14—动力输出接合套;15—动力输出轴;16—副变速器中间轴;

17—副变速器输出轴;18—副变速器输出轴低挡齿轮;20—副变速器输入轴常啮合齿轮;

21—主变速器输出轴(副变速器输入轴);22—主变速器中间轴一挡齿轮;

24—主变速器输入轴二挡齿轮;25—主变速器输入轴三挡齿轮

图 15-13　组合式变速器传动机构示意图

当副变速器接合套 19 右移与齿轮 20 的接合齿圈接合时,副变速器即挂入直接挡(高速挡),其传动比 $i_{II}=1$。此时,主变速器的四个挡位传动比 $i_{I1} \sim i_{I4}$,分别等于组合式变速器的四个高挡传动比 $i_5 \sim i_8 (i_8=1)$,即传动比分别为:

五挡(接合套 23 左移)　$i_5 = i_{I1} \cdot i_{II} = \dfrac{z_4}{z_1} \cdot \dfrac{z_{22}}{z_7}$ (15-23)

六挡(接合套 23 右移)　$i_6 = i_{I2} \cdot i_{II} = \dfrac{z_4}{z_1} \cdot \dfrac{z_{24}}{z_6}$ (15-24)

七挡(接合套 26 左移)　$i_7 = i_{I3} \cdot i_{II} = \dfrac{z_4}{z_1} \cdot \dfrac{z_{25}}{z_5}$ (15-25)

八挡(接合套 26 右移)　$i_8 = i_{I4} \cdot i_{II} = 1$ (15-26)

当副变速器接合套 19 左移与齿轮 18 的接合齿圈接合时,副变速器即挂入低速挡,其传动比为 $i_{II} = (z_{12}/z_{20}) \times (z_{18}/z_{13})$。主变速器的四个挡位传动比 $i_{I1} \sim i_{I4}$,分别等于组合式变速器的四个低挡传动比 $i_1 \sim i_4$;即传动比分别为

一挡(接合套 23 左移)　$i_1 = i_{I1} \cdot i_{II} = \dfrac{z_4}{z_1} \cdot \dfrac{z_{22}}{z_7} \cdot \dfrac{z_{12}}{z_{20}} \cdot \dfrac{z_{18}}{z_{13}}$ (15-27)

二挡(接合套 23 右移)　$i_2 = i_{I2} \cdot i_{II} = \dfrac{z_4}{z_1} \cdot \dfrac{z_{24}}{z_6} \cdot \dfrac{z_{12}}{z_{20}} \cdot \dfrac{z_{18}}{z_{13}}$ (15-28)

三挡(接合套 26 左移)　$i_3 = i_{13} \cdot i_{II} = \dfrac{z_4}{z_1} \cdot \dfrac{z_{25}}{z_5} \cdot \dfrac{z_{12}}{z_{20}} \cdot \dfrac{z_{18}}{z_{13}}$ （15-29）

四挡(接合套 26 右移)　$i_4 = i_{14} \cdot i_{II} = \dfrac{z_{12}}{z_{20}} \cdot \dfrac{z_{18}}{z_{13}}$ （15-30）

倒挡轴 8 上有两个齿轮。其中倒挡传动齿轮 9 与主变速器中间轴一挡齿轮 7 啮合，从而保证了倒挡轴 8 随输入轴 2 旋转。另一倒挡齿轮 10 空套在倒挡轴上，与副变速器输入轴齿轮 20 常啮合。欲将组合式变速器挂入倒挡，应先将主变速器置于空挡，再将接合套 11 右移，使之与齿轮 10 的接合齿圈接合，于是动力便可从输入轴 2 依次经齿轮 1、4、7、9、倒挡轴 8、接合套 11、齿轮 10 传到齿轮 20。此时若将接合套 19 右移，便得高速倒挡，左移便得低速倒挡。为了保证倒车安全，常用低速倒挡。其传动比为

$$i_{R低} = \dfrac{z_{18}}{z_{13}} \cdot \dfrac{z_{12}}{z_{10}} \cdot \dfrac{z_9}{z_7} \cdot \dfrac{z_4}{z_1}$$ （15-31）

$$i_{R高} = \dfrac{z_{20}}{z_{12}} \cdot \dfrac{z_{12}}{z_{10}} \cdot \dfrac{z_9}{z_7} \cdot \dfrac{z_4}{z_1}$$ （15-32）

动力输出轴 15(驱动其他装置)与第二中间轴 16 的接合和分离，由接合套 14 操纵。

15.4.4　同步器

同步器的作用是使接合套与待啮合的齿圈迅速同步，缩短换挡时间，且防止在同步前啮合而产生接合齿之间的冲击。同步器由同步装置(包括推动件、摩擦件)、锁止装置和接合装置三部分组成。

目前所有的同步器几乎都采用摩擦惯性式同步装置，但其锁止装置有所不同。下面介绍两种摩擦惯性式同步器。

1. 锁环式惯性同步器

锁环式惯性同步器的基本结构多种多样，但大同小异，都是用锁环作为锁止装置。现以变速器中三、四挡所用的同步器(见图 15-14)为例来说明其构造和工作原理。

(1)构造。齿轮毂用内花键套装在第二轴外花键上，用垫圈、卡环轴向定位。齿轮毂两端与四挡齿轮和三挡齿轮之间各有一个青铜制成的锁环(即同步环)。锁环上有短花键齿圈，其花键齿的尺寸和齿数，与花键毂、三挡齿轮和四挡齿轮的外花键齿均相同。两个齿轮和锁环上的花键齿，靠近接合套的一端都有倒角(即锁止角)，与接合套齿端的倒角相同。锁环有内锥面，与三、四挡齿轮的外锥面锥角相同。在锁环内锥面上制有细密的螺纹(或直槽)，当锥面接触后，它能及时破坏油膜，增加锥面间的摩擦力。锁环内锥面摩擦副称为摩擦件，外部沿带倒角的齿圈是锁止件，锁环上还有三个均布的环槽。三个滑块分别装在齿轮毂上三个均布的轴向环槽内，沿槽可以轴向移动。滑块被两个弹簧圈的径向力压向接合套，滑块中部的凸起部位压嵌在接合套中部的轴向槽内。滑块两端伸入同步环的环槽中，滑块窄环槽宽，两者之差等于锁环的花键齿宽。锁环相对滑块顺转和逆转都只能转动半个齿宽，且只有当滑块位于同步环环槽的中央时，接合套与同步环才能接合。

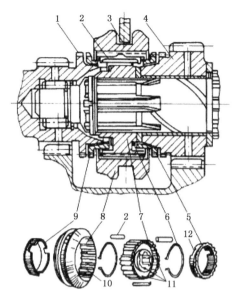

1—齿轮；2—滑块；3—拨叉；4—二轴齿轮；5、9—锁环(同步环)；6—弹簧胀圈；7—花键毂；

8—接合套；10—环槽；11—轴向槽；12—缺口

图 15-14　锁环式惯性同步器

(2)工作原理。以三挡换四挡为例(见图 15-15)，说明同步器的工作原理如下：

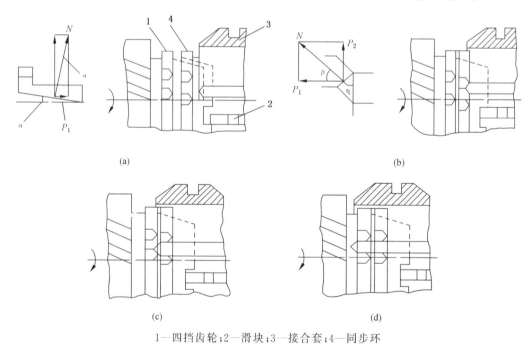

1—四挡齿轮；2—滑块；3—接合套；4—同步环

图 15-15　锁环式惯性同步器工作示意图

① 接合套刚从三挡退入空挡时(见图 15-15a)，四挡齿轮、接合套、同步环以及与其有关联的运动件，因惯性作用而沿原方向继续旋转(图示箭头方向)。设四挡齿轮、接合套、同步环的转速分别为 n_4、n_0、n_1，因接合套通过滑块前侧推动锁环一起旋转(滑块的下侧

与同步环接触),所以 $n_0 = n_1$,因 $n_4 > n_0$,故 $n_4 > n_1$。此时同步环是轴向自由的,其内锥面与四挡齿轮的齿圈外锥面没有摩擦(图示虚线)。

② 摩擦力矩形成与锁止过程。欲换入四挡时,推动接合套连同滑块一起向左移动(见图 15-15b),滑块又推动同步环移向四挡齿轮,使锥面接触。驾驶员作用在接合套上的轴向推力,使两锥面有正压力(n),又因两者有转速差($n_4 > n_1$),所以产生摩擦力矩。通过摩擦作用,四挡齿轮带动同步环相对于接合套向前转动一个角度,使同步环缺口靠在滑块的另一侧(上侧)为止,此时接合套的内齿与同步环上的齿错开了约半个齿宽,接合套的齿端倒角面与锁环的齿端倒角而互相抵住,锁止作用开始,接合套暂不能前移进入啮合。

驾驶员的轴向推力使接合套的齿端倒角面与锁环的齿端倒角面之间产生正压力 n,n 可分解为轴向力 P_1 和切向力 P_2。P_2 形成一个企图拨动同步环相对于接合套反转的力矩,称为拨环力矩 M_2,P 使锁环和四挡齿轮的锥面进一步压紧,两锥面间的摩擦力矩 M_1 使四挡齿轮相对于同步环迅速减速而趋向与同步环同步,四挡齿轮以及与其相关联的零件产生一个与旋转方向相同的惯性力矩,又通过摩擦锥面以摩擦力矩的方式传到同步环上,阻碍同步环相对于接合套反向转动。可见同步环上同时作用着方向相反的两个力矩,即拨环力矩 M_2 和惯性力矩。在四挡齿轮和同步环未同步之前,惯性力矩在数值上等于摩擦力矩 M_1。

同步器要产生有效的锁住作用,即在同步器前防止挂上挡,必须满足的条件是摩擦力矩 M_1 大于拨环力矩 M_2。在达到同步之前无论驾驶员施加多大的操纵力,都不会挂上挡:推力的加大只能同时增大作用在锁环上的两个力矩,缩短同步时间。由于锁止作用是靠四挡齿轮以及与其相关联的零件作用在锁环上的惯性力矩产生的,所以称为惯性式同步器。

③ 同步啮合。随着驾驶员施加于接合套上的推力加大,摩擦力矩 M_1 不断增加,使四挡齿轮的转速迅速降低。当四挡齿轮、接合套和同步环达到同步时,作用在同步环上的惯性力矩消失。此时在拨环力矩 M_2 的作用下,锁环、四挡齿轮以及与之相连的各零件都相对于接合套反转一角度(因轴向力 P_1 仍存在,使两锥面以静摩擦方式贴合在一起),滑块处于同步环缺口的中央(见图 15-15c),两花键齿不再抵触,同步环的锁止作用消除。接合套压下弹簧圈继续左移(滑块脱离接合套的内环槽而不能左移),与同步环的花键进入啮合。由于作用在锁环齿圈的轴向力和滑块推力都不存在,锥面间的摩擦力矩消失。若接合套花键齿与四挡齿轮的齿端相抵触(见图 15-15c),则靠齿端倒角面上的切向分力拨动四挡齿轮相对于同步环和接合套转过一角度,让接合套与四挡齿轮进入啮合(见图 15-15d),即换入四挡。若由四挡换入三挡,上述过程也适用。不过,三挡齿轮应被加速到与同步环、接合套同步,接合套再进入啮合换入三挡。

考虑结构布置的合理性、紧凑性及锥面间摩擦力矩大小等因素,锁环式惯性同步器多用在小型汽车上,有的中型汽车变速器的中、高速挡也采用这种同步器。

2. 锁销式惯性同步器

(1) 构造。两个带有内锥面的摩擦锥盘,以其内花键分别固装在带有接合齿圈的斜齿轮、第一轴常啮合齿轮和第二轴四挡齿轮上,随齿轮一起转动。两个有外锥面的摩擦锥环,其上有圆周均布的三个锁销、三个定位销与接合套装在一起。定位销与接合套的相应孔是滑动配合,定位销中部切有一小段环槽,接合套钻有斜孔,内装弹簧,把钢球顶向定位销中部的环槽,使接合套处于空挡位置,定位销随接合套能轴向移动。定位销两端伸入两锥环内侧面的弧线形浅坑中,定位销与浅坑有周向间隙,锥环相对接合套在一定范围内作周向摆动。锁销中部环槽的两端和接合套相应孔两端切有相同的倒角(锁止角);锁销与孔对中时,接合套才能沿锁销轴向移动,锁销两端铆接在锥环相应的孔中。可见,两个锥环(即摩擦件,其上有螺纹槽)、三个锁销(锁止件)、三个定位销(推动件)和接合套(接合件)构成一个部件,套在齿轮毂的齿圈上,如图 15-16 所示。

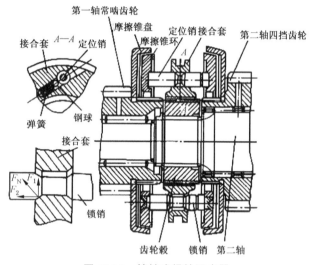

图 15-16 锁销式惯性同步器

(2)工作原理。锁销式惯性同步器的工作原理与锁环式惯性同步器类似。如图 15-16 所示,当接合套受到轴向推力作用时,通过钢球、定位销推动摩擦锥环向前移动,即欲换入五挡。因摩擦锥环与锥盘有转速差,故接触后的摩擦作用使锥环和锁销相对于接合套转过一个角度,锁销与接合套上相应孔的中心线不再同心,锁销中部倒角与接合套孔端的锥面相抵住,在同步前,作用在摩擦面的摩擦力矩总大于切向分力 F_1 形成的拨销力矩,接合套被锁止不能前移,防止在同步前接合套与齿圈进入啮合。同步后惯性力矩消失,拨销力 F_1 使锁销、摩擦锥盘和相应的齿轮相对于接合套转过一个角度,锁销与接合套的相应孔对中,接合套克服弹簧的张力压下钢球并沿锁销继续向前移动,顺利地换入五挡。

总之,锥环与锥盘的摩擦力矩较大,多用在中型和重型汽车上。

15.4.5 锁止装置

为了保证变速器在任何情况下都能准确、安全、可靠地工作,变速器操纵机构一般都具有换挡锁装置,包括自锁装置、互锁装置和倒挡锁装置。

1. 自锁装置

自锁装置用于防止变速器自动脱挡或挂挡,并保证轮齿以全齿长啮合。大多数变速器的自锁装置都是采用自锁钢球对拨叉轴进行轴向定位锁止。如图 15-17 所示,在变速器盖中钻有三个深孔,孔中装入自锁钢球和自锁弹簧,其位置正处于拨叉轴的正上方,每根拨叉轴对着钢球的表面沿轴向设有三个凹槽,槽的深度小于钢球的半径。中间的凹槽对正钢球时为空挡位置,前边或后边的凹槽对正钢球时则处于某一工作挡位置,相邻凹槽之间的距离保证齿轮处于全齿长啮合或是完全退出啮合。凹槽对正钢球时,钢球便在自锁弹簧的压力作用下嵌入该凹槽内,拨叉轴的轴向位置便被固定,不能自行挂挡或自行脱挡。当需要换挡时,驾驶员通过变速杆对拨叉轴施加一定的轴向力,克服自锁弹簧的压力而将自锁钢球从拨叉轴凹槽中挤出并推回孔中,拨叉轴便可滑过钢球进行轴向移动,并带动拨叉及相应的接合套或滑动齿轮轴向移动,当拨叉轴移至其另一凹槽与钢球相对正时,钢球又被压入凹槽,驾驶员具有很强的手感,此时拨叉所带动的接合套或滑动齿轮便被拨入空挡或被拨入另一工作挡位。

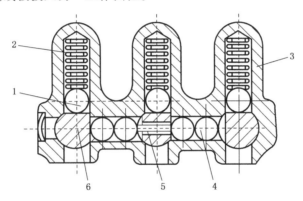

1—自锁钢球;2—自锁弹簧;3—变速器盖;4—互锁钢球;5—互锁销;6—拨叉轴

图 15-17　自锁和互锁装置

2. 互锁装置

互锁装置用于防止同时挂上两个挡位。如图 15-18 所示,互锁装置由互锁钢球和互锁销组成。

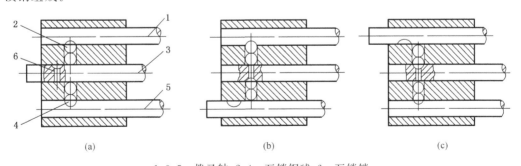

1、3、5—拨叉轴;2、4—互锁钢球;6—互锁销

图 15-18　互锁装置工作示意图

当变速器处于空挡时,所有拨叉轴的侧面凹槽同互锁钢球、互锁销都在一条直线上。当移动中间拨叉轴 3 时,如图 15-18a 所示,轴 3 两侧的内钢球从其侧凹槽中被挤出,而两外钢球 2 和 4 则分别嵌入拨叉轴 1 和轴 5 的侧面凹槽中,因而将轴 1 和轴 5 刚性地锁止在其空挡位置。若欲移动拨叉轴 5,则应先将拨叉轴 3 退回到空挡位置。于是在移动拨叉轴 5 时,钢球 4 便从轴 5 的凹槽中被挤出,同时通过互锁销 6 和其他钢球将轴 3 和轴 1 均锁止在空挡位置,如图 15-18b 所示。同理,当移动拨叉轴 1 时,则轴 3 和轴 5 被锁止在空挡位置,如图 15-18c 所示。由此可知,互锁装置工作的机理是当驾驶员用变速杆推动某一拨叉轴时,自动锁止其余拨叉轴,从而防止同时挂上两个挡位。

有的三挡变速器将自锁和互锁装置合二为一,如图 15-19 所示,其中 $a=b$。

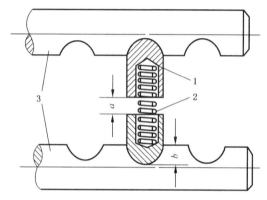

1—锁销;2—锁止弹簧;3—拨叉轴

图 15-19　合二为一的自锁和互锁装置

减速器篇

第16章 减速器的整体认识及拆装实训

16.1 本章提示

知识目标

1.了解减速器的基础知识。

2.了解减速器的工作原理、总体构造及设计要点。

能力目标

1.具有初步了解减速器的类型、基本结构及掌握设计要求等基础知识的能力。

2.具有正确的安全操作意识和规范,正确使用工具及合理进行拆装。

16.2 减速器基础知识

16.2.1 减速器结构概述

减速器是原动机(如电动机)和工作机械之间的独立的闭式传动装置,用来降低转速和增大转矩,以满足工作机械的需要(见图 16-1),在某些场合也用来增速,称为增速器。正确地安装、使用和维护减速器,是保证机械设备正常运行的重要环节。在本实训课程中,主要通过齿轮减速器的拆装,掌握有关的理论知识及设计要求等。

16.2.2 常用减速器的分类及基本结构

减速器的种类很多,按照传动类型可分为齿轮减速器、蜗杆减速器和行星减速器以及它们互相组合起来的减速器;按照传动的级数可分为单级和多级减速器;按照齿轮形状可分为圆柱齿轮减速器、圆锥齿轮减速器和圆锥-圆柱减速器;按照传动的布置形式又可分为展开式、分流式和同轴式减速器。

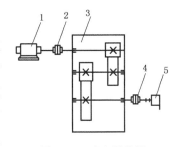

图 16-1 减速器装置

1—电动机;2、4—联轴器;

3—齿轮减速器;5—工作机械

减速器结构因其类型、用途不同而异。但无论何种类型的减速器,其结构是由传动零件(齿轮或蜗杆)、轴、轴承、箱体及附件所组成。其基本结构有三大部分:(1)齿轮、轴及轴承组合;(2)箱体;(3)减速器附件。

16.2.2.1 齿轮、轴及轴承组合

小齿轮与轴制成一体,称齿轮轴,这种结构用于齿轮直径与轴的直径相差不大的情况下,如果轴的直径为 d,齿轮齿根圆的直径为 d_f,则当 $d_f-d \leqslant 6 \sim 7\,m_n$ 时,应采用这种结构;而当 $d_f-d > 6 \sim 7\,m_n$ 时,采用齿轮与轴分开为两个零件的结构,如低速轴与大齿轮。此时齿轮与轴的周向固定采用平键连接,轴上零件利用轴肩、轴套和轴承盖作轴向固定。两轴均采用了深沟球轴承,这种组合用于承受径向载荷和不大的轴向载荷的情

况。当轴向载荷较大时,应采用角接触球轴承、圆锥滚子轴承或深沟球轴承与推力轴承的组合结构。

16.2.2.2　箱体

箱体是减速器中所有零件的基座,其作用在于支撑旋转轴和轴上零件,保证在外载荷作用下传动件运动的准确可靠,并为轴上传动零件提供一封闭的工作空间,使其处于良好的工作状况;同时防止外界灰尘、异物侵入以及箱体内润滑油溢出。箱体兼作油箱使用,保证传动零件啮合过程的良好润滑。

箱体是减速器中结构和受力最复杂的零件之一,为了保证具有足够的强度和刚度,箱体应有一定的壁厚,并在轴承座孔上、下处设置加强肋。在工程上,加强肋可分为外肋(设置在箱体外表面上的加强肋)和内肋(设置在箱体内表面上的加强肋),由于外肋的铸造工艺性较好,故应用较广泛;内肋刚度大,不影响外形的美观,但它阻碍润滑油的流动而增加功率损耗,且铸造工艺也比较复杂,所以应用较少。为保证减速器安置在基座上的稳定性,应尽可能减少箱体底座平面的机械加工面积,箱体底座一般不采用完整的平面。

为了便于轴系部件的安装和拆卸,箱体大多做成剖分式,由箱座和箱盖组成,取轴的中心线所在平面为剖分面。箱座和箱盖采用普通螺栓连接,用圆锥销定位。轴承座的连接螺栓应尽量靠近轴承座孔,而轴承座旁的凸台,应具有足够的承托面,以便放置连接螺栓,并保证旋紧螺栓时需要的扳手空间。剖分式结构由于其安装维护方便,因此得到广泛应用。在大型的立式圆柱齿轮减速器中,为了便于制造和安装,也有采用两个剖分面的。对于小型的蜗杆减速器,可用整体式箱体。整体式箱体的结构紧凑,易于保证轴承与座孔的配合要求,但装拆和调整不如剖分式箱体方便。

箱体的材料、毛坯种类与减速器的应用场合及生产数量有关。铸造箱体通常采用灰铸铁铸造。当承受振动和冲击载荷时,可用铸钢或高强度铸铁铸造,铸造箱体的刚性较好,外形美观,易于切削加工,能吸收振动和消除噪声,但重量较重,适合于成批生产。对于单件或小批生产的箱体,为了简化工艺、降低成本,可采用钢板焊接而成,这种箱体箱壁薄,重量轻,材料省,生产周期短,但焊接中容易产生热变形,故有较高的技术水平要求,并且在焊接后需要进行退火处理。

16.2.2.3　减速器附件

为了保证减速器的正常工作,除了对齿轮、轴、轴承组合和箱体的结构设计给予足够的重视外,还应考虑到为了减速器润滑油池注油、排油、检查油面高度、加工及拆装检修时箱盖与箱座的精确定位、吊装等辅助零件和部件的合理选择和设计。

1. 检查孔

为检查传动零件的啮合情况,并向箱内注入润滑油,应在箱体的适当位置设置检查孔。

2．通气器

减速器工作时,箱体内温度升高,气体膨胀,压力增大,为使箱内热胀空气能自由排出,以保持箱体内外压力平衡,不致使润滑油沿分箱面或轴身密封件等其他缝隙渗漏,通常在箱体顶部装设通气器。

3．轴承盖

为固定轴系部件的轴向位置并承受轴向载荷,轴承座孔两端用轴承盖封闭。轴承盖有凸缘式和嵌入式两种(见图 16-2a、b)。每种形式中,按是否有通孔又分为透盖(见图 16-2a)和闷盖(见图 16-2b、c)。

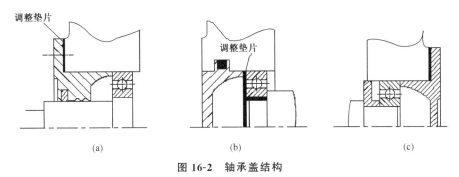

图 16-2　轴承盖结构

凸缘式轴承盖,利用六角螺栓固定在箱体上,外伸轴处的轴承盖是通孔,其中装有密封装置。凸缘式轴承盖的优点是拆装、调整轴承方便,但和嵌入式轴承盖相比,零件数目较多、尺寸较大、外观不平整。

4．定位销

为保证每次拆装箱盖时,仍保持轴承座孔制造加工时的精度,应在精加工轴承孔前,在箱盖与箱座的连接凸缘上配装定位销。

5．油面指示器

检查减速器内油池油面的高度,经常保持油池内有适量的油,一般在箱体便于观察、油面较稳定的部位,装设油面指示器。

6．放油螺塞

换油时,排放污油和清洗剂,应在箱座底部、油池的最低位置处开设放油孔,平时利用螺塞将放油孔堵住,放油螺塞和箱体结合面间应加防漏用的垫圈。

7．启箱螺钉

为加强密封效果,通常在装配时于箱体剖分面上涂以水玻璃或密封胶,因而在拆卸时往往因胶结紧密难于开盖。为此常在箱盖连接凸缘的适当位置,加工出 1～2 个螺孔,旋入启箱用的圆柱端或平端的启箱螺钉,旋动启箱螺钉便可将上箱盖顶起。小型减速器也可不设置启箱螺钉,启盖时用螺钉旋具撬开箱盖。启箱螺钉的大小可同于凸缘连接螺栓。

8．起吊装置

当减速器重量超过 25 kg 时,为了便于搬运,在箱体设置起吊装置,如在箱体上铸出吊耳或吊钩等。

16.2.2.4　蜗轮蜗杆减速器简介

　　1.蜗杆传动的特点

　　与齿轮传动相比,蜗杆传动有如下特点:

　　(1)单级传动比大,结构紧凑。一般取传动比 $i=5\sim80$,常用的为 $i=15\sim50$,分度传动时 i 可达 1000。

　　(2)传动平稳,噪声小。与螺旋传动相同,由于蜗杆齿是连续不断的螺旋齿,它与蜗轮啮合过程连续,因此比齿轮传动平稳,噪声小。

　　(3)可以实现自锁。当蜗杆的导程角小于轮齿间的当量摩擦角时,可实现自锁。

　　(4)传动效率低。由于蜗杆蜗轮的齿面间存在较大的相对滑动,所以摩擦大,热损耗大,传动效率低。通常情况下 $\eta=0.7\sim0.8$,自锁时啮合效率 $\eta<0.5$。所以蜗杆传动需要良好的润滑和散热条件,且不适用于大功率传动(一般不超过 50 kW)。

　　(5)成本较高。为了减摩耐磨,蜗轮齿圈通常用青铜制造,因此成本较高。

　　2.蜗杆传动的类型

　　蜗杆传动按照蜗杆的形状不同可分为圆柱蜗杆传动,如图 16-3a 所示;环面蜗杆传动,如图 16-3b 所示;锥面蜗杆传动,如图 16-3c 所示。

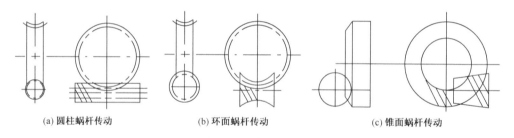

(a) 圆柱蜗杆传动　　　　(b) 环面蜗杆传动　　　　(c) 锥面蜗杆传动

图 16-3　蜗杆传动类型

　　(1)圆柱蜗杆传动

　　蜗杆的常用齿数又称头数,$z_1=1\sim4$,头数越多,传动效率越高。蜗杆齿面多用直母线切削刃加工,由于刀具安装位置不同,产生的螺旋面在相对剖面内的齿廓曲线形状不同。按齿廓曲线的不同形状可分为阿基米德蜗杆(ZA 蜗杆)、渐开线蜗杆(ZI 蜗杆)和法向直廓蜗杆(ZN 蜗杆)。阿基米德蜗杆在轴平面的齿廓为直线,在横截面上的齿廓为阿基米德螺旋面;渐开线蜗杆在轴平面的齿廓为曲线,在横截面上的齿廓为渐开线螺旋面;法向直廓蜗杆在法面的齿廓为直线,在横截面上的齿廓为延伸渐开线。

　　(2)环面蜗杆传动

　　环面蜗杆传动与圆柱蜗杆传动比较,具有下列特点:

　　① 轮齿间具有较好的油膜形成条件,因而抗胶合的承载能力和效率都较高;

　　② 同时接触的齿数较多,因而其承载能力为圆柱蜗杆传动的 1.5～4 倍;

③ 制造和安装较复杂,对精度要求较高;

④ 需要考虑冷却方法。

(3) 锥面蜗杆传动

锥面蜗杆传动的特点是:

① 啮合齿数较多,重合度大,传动平稳,承载能力高;

② 蜗轮能用淬火钢制造,可以节约有色金属。

蜗杆除了按形状的不同分为圆柱蜗杆、环面蜗杆和锥蜗杆以外,还可以按旋向或线数来分类。

根据轮齿的螺旋方向不同,蜗杆有左旋和右旋之分,可用右手定则来判定蜗杆的旋向,如图 16-4 所示。在蜗杆传动中,蜗轮蜗杆的旋向是一致的,即同为左旋或同为右旋。

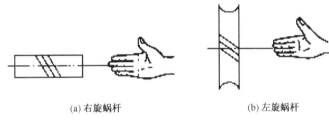

(a) 右旋蜗杆　　　　　　　　　　(b) 左旋蜗杆

图 16-4　蜗杆的旋向

16.3　蜗轮蜗杆减速器的拆装实训

16.3.1　实训目的和要求

(1) 进一步强化对减速器基本结构的认识,理解减速器的组成及工作原理;

(2) 掌握减速器的拆卸和装配的方法、步骤和要求;

(3) 进一步理解减速器的设计要点,掌握减速器的设计理念与思想。

16.3.2　实训设备、材料和工具

(1) 一级蜗轮蜗杆减速器;

(2) 常用与专用拆装工具;

(3) 常用各式量具。

16.3.3　实训内容及步骤

16.3.3.1　实训内容

(1) 拆卸前观察减速器各部分的组成;

(2) 拆卸过程中熟悉各部件名称及工作原理;

(3) 重点掌握各部件的装配关系及设计思路。

16.3.3.2 实训步骤

1.一级蜗轮蜗杆减速器的拆卸

实训所提供的一级蜗轮蜗杆减速器实物如图
16-5 所示。

一级蜗轮蜗杆减速器的拆卸步骤如下：

（1）拆卸蜗轮轴两侧的轴承端盖连接螺栓，取
出蜗轮轴，如图 16-6 所示。

（2）拆卸蜗杆轴两侧的轴承端盖连接螺栓，取
出蜗杆轴，如图 16-7 所示。

（3）拆卸轴承端盖，拧出出气帽，拆下底座。

图 16-5　一级蜗轮蜗杆减速器实物图

图 16-6　蜗轮轴拆装实物图

(a)　　　　　　　　　　　　　　　(b)

图 16-7　蜗杆轴拆装实物图

2.一级蜗轮蜗杆减速器的安装

一级蜗轮蜗杆减速器的安装较为简单，整体安装步骤与拆装步骤相反，具体如下：

（1）拧紧 4 个螺栓，将底座与箱体安装固定在一起；

（2）安装蜗杆轴，并安装两端的轴承端盖和透盖；

（3）安装蜗轮轴，并安装两端的轴承端盖和透盖；

(4) 安装出气帽。

3. 思考题

(1) 减速机轴是如何密封的?

(2) 本实训课程所用减速机是否可以倒过来使用?

(3) 蜗杆材质是否可以选用和蜗轮相同的材料?

由以上拆卸和安装可知一级蜗轮蜗杆减速器的拆装比较简单,下面将主要介绍一级蜗轮蜗杆减速器的设计过程及注意事项等方面的知识。

16.3.3.3 蜗轮蜗杆减速器的设计要点

1. 蜗杆的结构

蜗杆螺旋部分的直径不大,与轴径相差也很小,因此,大多数的蜗杆和轴制成一体,称为蜗杆轴,结构形式如图 16-8 所示。其中,如图 16-8a 所示为铣制蜗杆,这种蜗杆轴是在轴上直接铣制出螺旋部分,其轴径 d 可以大于蜗杆根圆直径 d_{f1},所以蜗杆轮齿两侧直径较大,蜗杆轴刚性较好。如图 16-8b 所示为车制蜗杆,为便于车螺旋部分时退刀,车制蜗杆的轮齿两端留有退刀槽而使 $d < d_{f1}$,导致蜗杆轴结构刚度比铣制蜗杆轴差。

当蜗杆牙型部分的直径较大时,可以将蜗杆与轴分开制作。

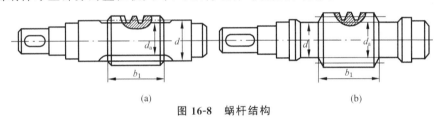

(a)　　　　　　　　　　　　　　　(b)

图 16-8　蜗杆结构

2. 蜗轮的结构

直径较小的蜗轮多采用整体式结构,如图 16-9a 所示,主要用于铸铁蜗轮或直径小于 100 mm 的青铜蜗轮。对尺寸较大的蜗轮,为节省有色金属,常采用铜齿圈和铸铁蜗轮芯组合式结构,一般有齿圈压配式和螺栓连接式两种。齿圈压配式蜗轮的齿圈通过过盈配合方式装在铸铁或铸钢的轮芯上,常用的配合为 H7/r6。为了增加过盈配合的可靠性,沿接合缝加设 4~8 个紧定螺钉固定,如图 16-9b 所示。这种组合式结构常用于尺寸不大而工作温度变化较小的场合。当蜗轮直径较大或磨损后需要更换齿圈时,结构齿圈与轮芯可采用铰制孔螺栓连接式结构,以承受一定的剪应力,如图 16-9c 所示。如图 16-9d 所示为拼铸式蜗轮结构。这种结构的蜗轮是在铸铁轮芯上加铸青铜齿圈,然后切齿形成蜗轮。拼铸式蜗轮结构只适用于成批制造的蜗轮结构。如图 16-9b、c、d 所示蜗轮结构均属于组合式蜗轮。

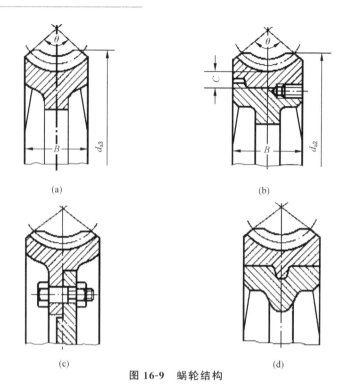

(a)

(b)

(c)

(d)

图 16-9　蜗轮结构

常用蜗杆和蜗轮结构以及各组成结构的结构尺寸见表 16-1。

表 16-1　蜗杆与蜗轮的结构尺寸

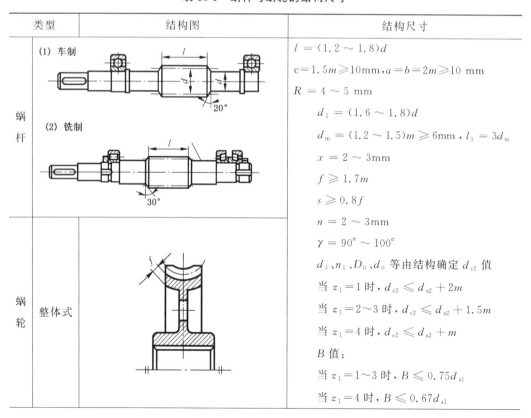

类型		结构图	结构尺寸
蜗杆	(1) 车制		$l = (1.2 \sim 1.8)d$
			$c = 1.5m \geqslant 10mm, a = b = 2m \geqslant 10$ mm
			$R = 4 \sim 5$ mm
	(2) 铣制		$d_1 = (1.6 \sim 1.8)d$
			$d_m = (1.2 \sim 1.5)m \geqslant 6mm, l_1 = 3d_m$
			$x = 2 \sim 3mm$
			$f \geqslant 1.7m$
			$s \geqslant 0.8f$
			$n = 2 \sim 3mm$
			$\gamma = 90° \sim 100°$
蜗轮	整体式		$d_5 、 n_1 、 D_0 、 d_0$ 等由结构确定 d_{c2} 值
			当 $z_1 = 1$ 时, $d_{c2} \leqslant d_{a2} + 2m$
			当 $z_1 = 2 \sim 3$ 时, $d_{c2} \leqslant d_{a2} + 1.5m$
			当 $z_1 = 4$ 时, $d_{c2} \leqslant d_{a2} + m$
			B 值:
			当 $z_1 = 1 \sim 3$ 时, $B \leqslant 0.75d_{a1}$
			当 $z_1 = 4$ 时, $B \leqslant 0.67d_{a1}$

类型		结构图	结构尺寸
蜗轮	齿圈压配式	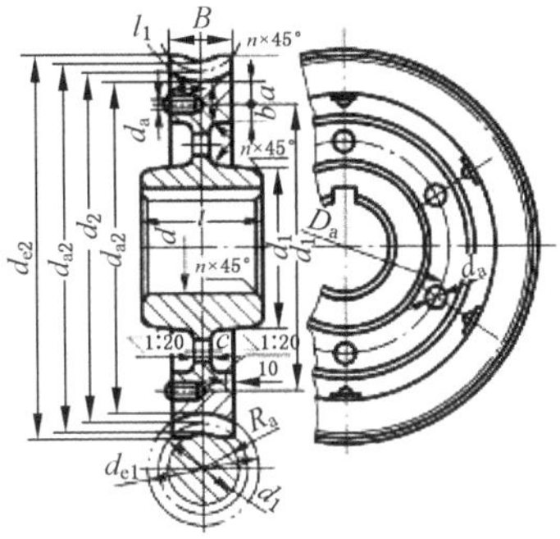	
	螺栓连接式	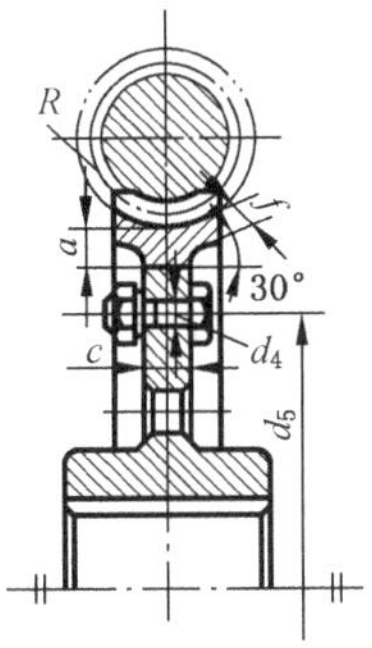	

3. 蜗杆传动的主要参数

如图 16-10 所示,在垂直于蜗轮轴线且通过蜗杆轴线的中间平面内,蜗杆齿廓与齿条相同,两侧边为直线。根据啮合原理,与之相啮合的蜗轮在中间平面内的齿廓必为渐开线。由于在中间平面上蜗杆与蜗轮的啮合关系相当于齿条与渐开线齿轮的啮合关系。因此其设计计算均以中间平面的参数和几何关系为准,并用齿轮传动的计算方法进行设计计算。

(1)模数 m 和齿形角 α

为便于设计和加工,GB 10088—1988 中将中间平面的蜗杆轴向模数 m_{x1} 和压力角 α_1 规定为标准值,模数标准值见表 16-1,压力角 $\alpha_{x1}=20°$。与齿条轮啮合传动相似,蜗杆与蜗轮啮合时的正确啮合条件为

$$m_{x1} = m_{t2} = m \tag{16-1}$$

$$\alpha_{x1} = \alpha_{t2} = \alpha \tag{16-2}$$

$$\beta = \gamma \tag{16-3}$$

式中,m_{t2}、α_{t2}、β 分别为蜗轮的模数、压力角和螺旋角;γ 为蜗杆的导程角,推荐范围见表 16-2。

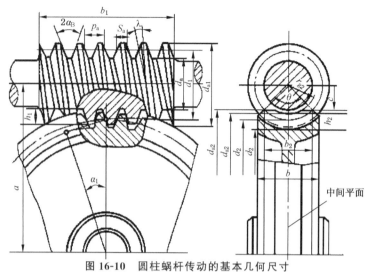

图 16-10 圆柱蜗杆传动的基本几何尺寸

表 16-2 圆柱蜗杆的模数 m 和分度圆直径 d_1 的搭配值

模数 m/mm	分度圆直径 d_1/mm	蜗杆头数 z_1	$m^2 d_1$ /mm³	模数 m/mm	分度圆直径 d_1/mm	蜗杆头数 z_1	$m^2 d_1$ /mm³
1	18	1(自锁)	18	2.5	28	1,2,4,6	175
1.25	20	1	31.25	2.5	(35.5)	1,2,4	221.9
1.25	22.4	1(自锁)	35	2.5	45	1(自锁)	281
1.6	20	1,2,4	51.2	3.15	(28)	1,2,4	277.8
1.6	28	1(自锁)	71.68	3.15	35.5	1,2,4,6	352.2
2	(18)	1,2,4	72	3.15	(45)	1,2,4	446.5
2	22.4	1,2,4	89.6	3.15	56	1(自锁)	556
2	(28)	1,2,4	112	4	(31.5)	1,2,4	504
2	35.5	1(自锁)	142	4	40	1,2,4,6	640
2.5	(22.4)	1,2,4	140	4	(50)	1,2,4	800
4	71	1(自锁)	1136	12	(90)	1,2,4	14 062
5	(40)	1,2,4	1000	12	112	1,2,4	17 500
5	50	1,2,4,6	1250	12	(140)	1,2,4	21 875
5	(63)	1,2,4	1575	12	200	1(自锁)	31 250
5	90	1(自锁)	2250	16	(112)	1,2,4	28 672
6.3	(50)	1,2,4	1985	16	140	1,2,4	35 840
6.3	63	1,2,4,6	2500	16	(180)	1,2,4	46 080
6.3	(80)	1,2,4	3175	16	250	1(自锁)	64 000
6.3	112	1(自锁)	4445	20	(140)	1,2,4	56 000

模数 m/mm	分度圆直径 d_1/mm	蜗杆头数 z_1	$m^2 d_1$/mm³	模数 m/mm	分度圆直径 d_1/mm	蜗杆头数 z_1	$m^2 d_1$/mm³
8	(63)	1,2,4	4032	20	160	1,2,4	64 000
	80	1,2,4,6	5120		(224)	1,2,4	896 000
	(100)	1,2,4	6400		315	1(自锁)	126 000
10	140	1(自锁)	8960	25	(180)	1,2,4	112 500
	(71)	1,2,4	7100		200	1,2,4	125 000
	90	1,2,4,6	9000		(280)	1,2,4	175 000
	(112)	1	11 200		400	1(自锁)	250 000
	160	1(自锁)	16 000				

表 16-3　蜗杆导程角 γ 的推荐范围

蜗杆头数 z_1	1	2	4	6
蜗杆导程角 γ	3°～8°	8°～16°	16°～30°	28°～33.5°

（2）蜗杆导程角 γ

将蜗杆分度圆柱展开，如图 16-11 所示，蜗杆分度圆柱上的导程角 γ 为式（16-4）所示：

$$\tan\gamma = \frac{z_1 p_{x1}}{\pi d_1} = \frac{z_1 m}{d_1} \tag{16-4}$$

式中：p_{x1} 为蜗杆轴向齿距（mm），$p_{x1} = \pi m$；γ 为导程角（°）。导程角与传动的效率有关，导程角越大，传动效率越高。γ 角的范围一般为 $3.5°～33°$。要求效率较高的传动时，常取 $\gamma = 15°～30°$，采用多头蜗杆；若蜗杆传动要求反向传动自锁时，则常取 $\gamma \leqslant 3°40'$ 的单头蜗杆。

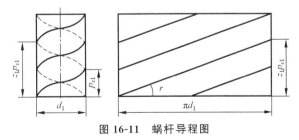

图 16-11　蜗杆导程图

（3）蜗杆分度圆直径 d_1

为保证蜗杆传动的正确啮合，切制蜗轮的滚刀除外径稍大些外，其他尺寸和齿形参数必须与相啮合的蜗杆尺寸相同。由式（16-4）可知，滚刀分度圆直径 d_1 不仅与模数 m 有关，而且与头数 z_1 和导程角 γ 有关。因此，即使模数 m 相同，也有很多直径不同的蜗杆，即要求备有较多相应的滚刀，这给刀具的制造带来困难，也缺乏经济性。为了减少蜗轮滚刀数量,规定蜗杆分度圆直径 d_1 为标准值,见表16-2。

导程角 γ 大,传动效率较高,设计蜗杆传动时,在蜗杆轴刚度允许的情况下,当要求传动效率高时,则 d_1 可选小值;而当要求强度和刚度大时,则 d_1 选大值。

(4)蜗杆头数 z_1、蜗轮齿数 z_2 和传动比 i

蜗杆头数 z_1 的选择与传动比、传动效率及制造的难易程度等有关。传动比大或要求自锁的蜗杆传动,例如分度机构中,常取 $z_1=1$;在动力传动中,为了提高传动效率,往往采用多头蜗杆。

蜗轮齿数根据传动比和蜗杆头数决定:$z_2=iz_1$。传递动力时,为增加传动平稳性,蜗轮齿数宜多取些,z_2 不应少于28齿。但齿数越多,蜗轮尺寸越大,蜗杆轴越长,因而刚度越小,影响蜗杆传动的啮合精度,所以蜗轮的齿数 z_2 一般不大于100齿,常取 $z_2=32\sim80$ 齿。z_2 和 z_1 之间最好互质,以利于磨损均匀。z_1、z_2 的推荐值见表16-4。

表16-4　蜗杆头数 z_1 和蜗轮齿数 z_2 的推荐值

传动比 i	5~8	7~16	15~32	30~83
蜗杆头数 z_1	6	4	2	1
蜗轮齿数 z_2	30~48	28~64	30~64	30~83

蜗杆传动的传动比为主动蜗杆角速度与从动蜗轮角速度之比值,得到

$$i=\frac{\omega_1}{\omega_2}=\frac{n_1}{n_2}=\frac{z_2}{z_1} \tag{16-5}$$

式中:ω_1、ω_2 分别为主动蜗杆和从动蜗轮的角速度(rad/s);n_1、n_2 分别为主动蜗杆和从动蜗轮的转速(r/min)。

应当注意,蜗杆传动的传动比 $i\neq d_2/d_1$。蜗杆传动减速器的传动比的公称值有5,7.5,10*,12.5,15,20*,25,30,40*,50,60,70,80*,其中带*值为基本传动比,应优先选用。

(5)中心距 a

为便于大批生产,减少箱体类型,有利于标准化、系列化,GB 10085—1988 中对一般圆柱蜗杆减速器装置的中心距 a(mm)推荐为:40,50,63,80,100,125,160,(180),200,(225),250,(280),315,(335),400,(450),500。

4.蜗杆传动的几何尺寸

圆柱蜗杆传动主要几何尺寸的计算公式见表16-5。

表16-5　标准圆柱蜗杆传动的基本几何尺寸计算公式

名称	符号	计算公式	
		蜗杆	蜗轮
齿顶高	h_a	$h_{a1}=m$	$h_{a2}=(1+x)m$

名称	符号	计算公式			
		蜗杆		蜗轮	
齿根高	h_f	$h_{f1} = 1.2m$		$h_{f1} = (1.2 - x)m$	
全齿高	h	$h_1 = 2.2m$		$h_2 = 2.2m$	
分度圆直径	d	d_1		$d_2 = mz_2$	
齿顶圆直径	d_a	$d_{a1} = d_1 + 2h_{a1}$		$d_{a2} = d_2 + 2h_{a2}$	
齿根圆直径	d_f	$d_{f1} = d_1 - 2h_{f1}$		$d_{f2} = d_2 - 2h_{f2}$	
蜗杆分度圆柱上导程角	γ	$\gamma = \tan^{-1} \dfrac{z_1 m}{d_1}$			
蜗轮分度圆柱上螺旋角	β_2			$\beta_2 = \gamma$	
节圆直径	d'	$d'_1 = d_1 + 2xm$		$d'_2 = d_2$	
传动中心距	a'	$a' = \dfrac{1}{2}(d_1 + mz_2 + 2xm)$			
蜗杆轴向齿距	p_{x1}	$p_{x1} = \pi m$			
蜗杆螺旋线导程	p_x	$p_x = z_1 p_{x1}$			

蜗杆螺旋部分长度	L		$1 \sim 2$	$3 \sim 4$	
		-1	$L \geqslant (10.5 + z_1)m$	$L \geqslant (10.5 + z_1)m$	
		-0.5	$L \geqslant (8 + 0.06z_2)m$	$L \geqslant (9.5 + 0.09z_2)m$	
		0	$L \geqslant (11 + 0.06z_2)m$	$L \geqslant (12.5 + 0.09z_2)m$	
		0.5	$L \geqslant (11 + 0.1z_2)m$	$L \geqslant (12.5 + 0.1z_2)m$	
		1	$L \geqslant (12 + 0.1z_2)m$	$L \geqslant (13 + 0.1z_2)m$	
		对磨削的蜗杆,应将 L 值增大,$m<6$ mm 时,加长 25 mm,$m=10\sim14$ mm 时,加长 35mm,$m\geqslant16$ mm 时,加长 50 mm			

蜗轮顶圆直径	d_{c2}		$z_1 = 1$	$z_1 = 2 \sim 3$	$z_1 = 4 \sim 6$
			$d_{c2} \leqslant d_{a2} + 2m$	$d_{c2} \leqslant d_{a2} + 15m$	$d_{c2} \leqslant d_{a2} + m$
蜗轮齿宽	b_2		$\leqslant 3$	$\leqslant 4 \sim 6$	
			$b_2 \leqslant 0.75d_{a1}$	$b_2 \leqslant 0.67d_{a2}$	
齿根圆弧面半径	R_1		$R_1 = d_{a1}/2 + 0.2m$		
齿顶圆弧面半径	R_2		$R_2 = d_{f1}/2 + 0.2m$		
齿宽角	θ		$\sin\theta = b_2/(d_{a1} - 0.5m)$		

5.蜗杆传动的失效形式及设计准则

（1）失效形式

蜗杆传动的主要失效形式为轮齿折断、齿面点蚀、胶合和磨损等，但是由于蜗杆传动在齿面间有较大的相对滑动，与齿轮相比，其磨损、点蚀和胶合的现象更易发生，而且失效通常发生在蜗轮轮齿上。

（2）设计准则

在闭式蜗杆传动中，蜗轮齿多因齿面胶合或点蚀而失效，因此，通常按齿面接触疲劳强度进行设计。此外，由于闭式蜗杆传动发热大、散热较为困难，还应做热平衡计算。

在开式蜗杆传动中，多发生齿面磨损和轮齿折断，因此，应以保证齿根弯曲疲劳强度作为开式蜗杆传动的主要设计准则。

6.蜗杆蜗轮常用材料及热处理

基于蜗杆传动的特点，蜗杆副的材料组合首先要求具有良好的减摩、耐磨、易于跑合的性能和抗胶合能力，此外，也要求有足够的强度。

（1）蜗杆材料及热处理

蜗杆绝大多数采用碳钢或合金钢制造，其螺旋齿面硬度愈高，齿面愈光洁，耐磨性就愈好。制造蜗杆的材料列于表 16-5 中。一般不重要的蜗杆用 45 钢调质处理；高速、重载，但载荷平稳时用碳钢、合金钢，表面淬火处理；高速、重载且载荷变化大时，可采用合金钢经渗碳淬火处理。

表 16-6 蜗杆常用材料及热处理

材料牌号	热处理	硬度	齿面的表面粗糙度 $Ra/\mu m$
45,42SiMn,37SiMn2MoV,40Cr, 40CrMo,42CrNi	表面淬火	45～55HRC	1.6～0.8
15CrMn,20CrMn,20Cr,20CrNi, 20CrMnTi	渗碳淬火	58～63HRC	1.6～0.8
45(用于不重要的传动)	调质	<270HBS	6.3

（2）蜗轮材料及许用应力

制造蜗轮的材料列于表 16-7 和表 16-8 中。锡青铜的减摩性、耐磨性均好，抗胶合能力强，但价格高，主要用于相对滑动速度 $v_s \leqslant 25$ m/s 的高速重要的蜗杆传动中；铸铝青铜的强度好、耐冲击，而且价格便宜，但抗胶合及耐磨性不如青铜，一般用于蜗杆传动中；灰铸铁主要用于 $v_s < 2$ m/s 的低速、轻载、不重要的蜗杆传动中。

表 16-7　蜗轮常用材料及许用应力($[\sigma_H][\sigma_{bb}]$)

蜗轮材料	铸造方法	适用的滑动速度 v/(m/s)	力学性能		$[\sigma_H]$/MPa		$[\sigma_{bb}]$/MPa	
			$\sigma_{0.2}$/MPa	Σ_b/MPa	蜗杆齿面硬度		一侧受载	两侧受载
					≤350HBS	>45HBS		
ZCuSn10Pb1	砂模	≤12	130	220	180	200	51	32
	金属模	≤25	170	310	200	220	70	40
ZCuSn5Pb5Zn5	砂模	≤10	90	200	110	125	33	24
	金属模	≤12	100	250	135	150	40	29
ZCuAl10Fe3	砂模	≤10	180	490			82	64
	金属模		200	540			90	80
ZCuAl10Fe3Mn2	砂模	≤10	—	490	见表 16-8（与应力循环次数无关）		100	90
	金属模			540				
ZCuZn38Mn2Pb2	砂模	≤10		245			62	56
	金属模			345				
HT150	砂模	≤2	—	150			40	25
HT200	砂模	≤2~5	—	200			48	30
HT250	砂模	≤2~5	—	250			56	35

表 16-8　铸铝青铜、铸黄铜及铸铁蜗轮的许用应力$[\sigma_H]$　（单位：MPa）

蜗轮材料	蜗杆材料	滑动速度/(m/s)							
		0.25	0.5	1	2	3	4	6	8
ZCuAl10Fe3、ZCuAl10Fe3Mn2	钢经淬火	—	250	230	210	180	160	120	90
ZCuZn38Mn2Pb2	钢经淬火	—	215	200	180	150	135	95	75
HT200、HT150(120~150HBS)	渗碳钢	160	130	115	115				
HT150(120~150HBS)	调质或淬火钢	140	110	90	90				

注：蜗杆如未经淬火，其$[\sigma_H]$需降低 20%。

7. 蜗杆传动的精度等级

由于蜗杆传动啮合轮齿的刚度较齿轮传动大，所以制造精度对传动的影响比齿轮传动更为显著。按 GB 10089—2018 的规定，蜗杆传动的精度有 12 个精度等级，1 级为最高，12 级最低；对于传递动力用的蜗杆传动，一般可按照 6~9 级精度制造，6 级用于蜗轮速度较高的传动，9 级能用于低速及手动传动。具体可根据表 16-9 选取。分度机构、测量机构等要求运动精度高的传动，要按照 5 级或 5 级以上的精度制造。

表 16-9　蜗杆传动精度等级的选择

精度等级	蜗轮圆周速度/(m/s)	蜗杆齿面的表面粗糙度 Ra 值/μm	蜗杆齿面的表面粗糙度 Ra 值/μm	使用范围
6	>5	≤0.4	≤0.8	中等精密机床的分度机构
7	<7.5	≤0.8	≤0.8	中速动力传动
8	<3	≤1.6	≤1.6	速度较低或短期工作的传动
9	<1.5	≤3.2	≤3.2	不重要的低速传动或手动传动

16.4　二级圆柱齿轮减速器的结构与认识

16.4.1　二级圆柱齿轮减速器的基本结构

如图 16-12 所示为一种二级圆柱齿轮减速器的直观图。从外部我们可以看到的主要零件有箱盖、通气塞、吊环螺钉、连接螺栓、轴承端盖、箱座、定位销、起盖螺钉等。

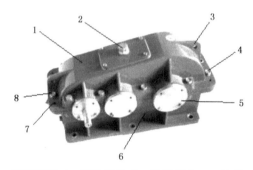

1—箱盖；2—通气塞；3—吊环螺钉；4—连接螺栓；5—轴承端盖；6—箱做；7—定位销；8—起盖螺钉

图 16-12　二级圆柱齿轮减速器

（1）箱体结构尺寸

箱体结构设计应满足其基本要求，设计箱体结构要保证箱体有足够的刚度、可靠的密封和良好的工艺性。箱体刚度不够，会在加工和工作过程中产生不允许的变形，从而引起轴承座中心线歪斜，在传动中使齿轮产生偏载，影响减速器正常工作。因此在设计箱体时，首先应保证轴承座的刚度。为此应使轴承座有足够的壁厚，并加设支撑肋板，当轴承座是剖分式结构时，还要保证箱体的连接刚度。铸件减速器箱体结构尺寸的计算公式如表 16-10 所示，连接螺栓扳手空间 c_1、c_2 值和沉头座直径如表 16-11 所示。

表 16-10　铸件减速器箱体结构尺寸计算表

名称	符号	减速器形式与尺寸关系		减速器形式与尺寸关系
		齿轮减速器		蜗杆减速器
箱座壁厚	δ	一级	$0.025\alpha+1\geqslant 8$ mm	$0.04\alpha+3\geqslant 8$ mm
		二级	$0.025\alpha+3\geqslant 8$mm	
		考虑铸造工艺，所有壁厚都不应小于 8 mm		

名称	符号	减速器形式与尺寸关系		
		齿轮减速器		蜗杆减速器
箱座壁厚	δ	一级	$0.025a+1 \geqslant 8$ mm	蜗杆在上：δ_1
		二级	$0.025a+3 \geqslant 8$ mm	蜗杆在下：$=0.85a \geqslant 8$ mm
箱座凸缘厚度	b	1.5δ		
箱盖凸缘厚度	b_1	$1.5\delta_1$		
箱座底凸缘厚度	b_2	2.5δ		
地脚螺钉直径	d_f	$0.035a+12$ mm		
地脚螺钉数目	n	$a \leqslant 250$ mm 时，$n=4$ $a \geqslant (250 \sim 500)$mm 时，$n=5$		4
轴承旁连接螺钉直径	d_1	$0.75d_f$		
箱盖与箱座连接螺栓直径	d_2	$(0.5 \sim 0.6)d_f$		
连接螺栓 d_2 的间距	l	$(150 \sim 200)$mm		
轴承端盖螺钉直径	d_3	$(0.4 \sim 0.5)d_f$		
窥视孔盖螺钉直径	d_4	$(0.3 \sim 0.4)d_f$		
定位销直径	d	$(0.7 \sim 0.8)d_2$		
d_1、d_2、d_f 至外箱壁的距离	c_1	见表 16-11		
d_1、d_2、d_f 至凸缘边缘的距离	c_2	见表 16-11		
轴承旁凸台半径	R_1	c_2		
凸台高度	h	根据低速级轴承座外径确定，以便于扳手操作为准		
外箱壁至轴承座端面距离	l_1	$c_1 + c_2 + (5 \sim 8)$mm		
内箱壁至轴承座端面距离	l_2	$\delta + c_1 + c_2 + (5 \sim 8)$mm		
大齿轮顶圆（蜗轮外圆）与内箱壁的距离	Δ_1	$\geqslant 1.2\delta$		
齿轮（或蜗轮轮缘）端面与内箱壁的距离	Δ_2	$\geqslant \delta$		
箱盖、箱座肋厚	m_1、m	$m_1 \approx 0.85\delta_1$；$m \approx 0.85\delta$		
轴承端盖外径	D_2	凸缘式端盖：$D+(5 \sim 5.5)d_3$；嵌入式端盖：$1.25D + 10$ mm；D 为轴承外径		
轴承旁连接螺栓距离	s	尽量靠近，以端盖螺栓 d_1、d_3 互不干涉为准，一般取 $s \approx D_2$		

表 16-11　连接螺栓扳手空间 c_1、c_2 值和沉头座直径　　　　（单位：mm）

螺栓直径	M8	M10	M12	M16	M20	M24	M30
c_{1min}	13	16	18	22	26	34	40
c_{2min}	11	14	16	20	24	28	34
沉头座直径	20	24	26	32	40	48	60

（2）轴承座应有足够的壁厚

当轴承座孔采用凸缘式轴承盖时，由于安装轴承盖螺钉的需要，所确定的轴承座壁厚应具有足够的刚度（该厚度常取 $2.5d_3$，d_3 为轴承盖连接螺栓的直径）。使用嵌入式轴承盖的轴承座时，一般应取与使用凸缘式轴承盖时相同的壁厚，如图 16-13 所示。

（3）加支撑肋板

为提高轴承座刚度，一般在箱体外侧轴承座附近加支撑肋板，如图 16-14 所示。

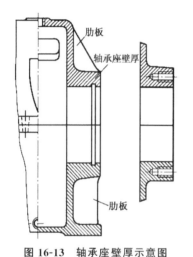

图 16-13　轴承座壁厚示意图

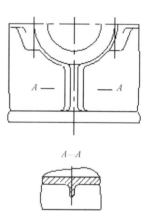

图 16-14　支撑肋板示意图

（4）提高剖分式轴承座刚度设置凸台

为提高剖分式轴承座的连接刚度，轴承座孔两侧的连接螺栓距离 s 应尽量靠近，为此轴承孔座附近做出凸台（见图 16-15a）。在图 16-15a 中由于 s_2 值较小且做了凸台，所以轴承座的刚度大，而图 16-15b 中由于 s_2 值较大没有做出凸台，所以轴承座刚度小。

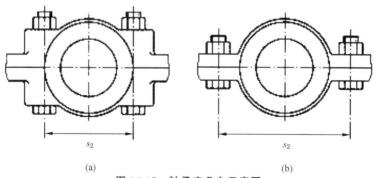

(a)　　　　　　　　　　　　　　(b)

图 16-15　轴承座凸台示意图

（5）凸缘应有一定厚度

为了保证箱盖与箱座的连接刚度，箱盖与箱座的连接凸缘应较箱壁 δ 厚些，约为 1.5δ（见图 16-16a）。箱体底座凸缘承受很大的倾覆力矩，为了保证箱体底座的刚度，取底座凸缘厚度为 2.5δ，箱座底凸缘宽度 b（见图 16-16b）应超过箱体的内壁，一般 $b=c_1+c_2+2\delta$，其中 c_1、c_2 为地脚螺栓扳手空间的尺寸，如图 16-16c 所示为错误结构。

为了增加地脚螺栓的连接刚度，地脚螺栓孔的间距不应太大，一般距离为 $150\sim200$ mm，地脚螺栓的个数通常取 $4\sim8$ 个。

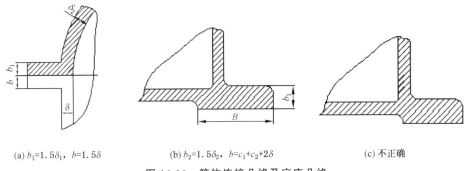

(a) $b_1=1.5\delta_1$, $b=1.5\delta$　　　　(b) $b_2=1.5\delta_2$, $b=c_1+c_2+2\delta$　　　　(c) 不正确

图 16-16　箱体连接凸缘及底座凸缘

（6）箱盖与箱座间应有良好的密封性

为了保证箱盖与箱座结合面的密封，对结合面的几何精度和表面粗糙度应有一定要求，一般要精刨到表面粗糙度值小于 $1.6~\mu\mathrm{m}$，重要的需刮研处理。凸缘连接螺栓的间距不宜过大，小型减速器应小于 $100\sim150$ mm。为了提高结合面的密封性，在箱座连接凸缘上面开出回油沟。回油沟上应开回油道，让渗入接合面缝隙中的油可通过回油沟及回油道流回油箱内油池以增加密封效果，见图 16-17a。

为了提高密封效果，还可在箱盖与箱体的结合面上涂密封胶（601 密封胶、7302 密封胶及液体尼龙密封胶等）或水玻璃。为保证轴承与座孔的配合要求，一般禁止用在结合面上加垫片的方法来密封。当减速器中滚动轴承采用飞溅润滑时，常在箱座结合面上制出输油沟（见图 16-17b），使飞溅的润滑油沿着箱盖壁汇入输油沟流入轴承室。

（7）窥视孔和窥视孔盖板

窥视孔应设在箱盖的上部，其位置应该位于两齿轮啮合的上部，如图 16-18 所示。平时窥视孔用盖板盖住，并用 m6 或 m8 的螺钉紧固，以防止污物进入机体和润滑油飞溅出来。盖板下面应加有防渗漏的纸质密封垫片，以防止漏油。盖板可用轧制钢板，也可以用铸铁制成。由于轧制钢板的窥视孔盖板结构轻便，上下面无须机械加工，因此无论单件或成批生产均常采用（见图 16-19a）。

（8）放油孔和螺塞

为了将污油排放干净，放油孔应设置在油池的最低位置处（见图 16-20），其螺纹小径应与箱体内底面取平。为了便于加工，放油孔处的箱体外壁应为凸台，经机械加工成为放油螺塞头部的支承面。支承面处的封油垫片可用石棉橡胶或皮革制成，放油螺塞采用细牙螺纹。

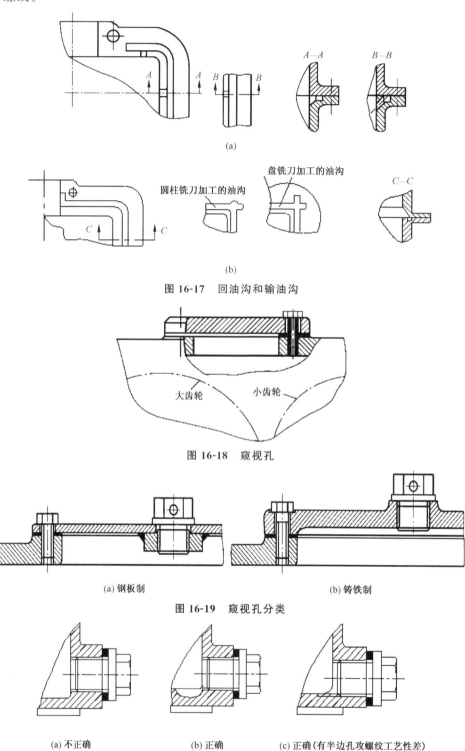

(a)

(b)

图 16-17　回油沟和输油沟

图 16-18　窥视孔

(a) 钢板制　　　　　　　　(b) 铸铁制

图 16-19　窥视孔分类

(a) 不正确　　　(b) 正确　　　(c) 正确(有半边孔攻螺纹工艺性差)

图 16-20　放油孔和螺塞

194

（9）油标

为了便于观察油池中的油量是否正常，一般把油标设置在箱体上便于观察且油面较稳定的部位，常见的油标有油尺（见图 16-21）、圆形油标、管状油标等。

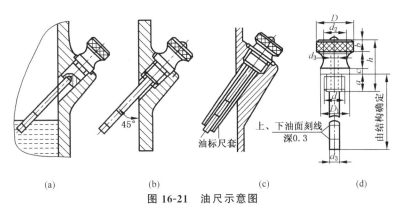

图 16-21　油尺示意图

油尺由于结构简单，在减速器中应用较多。为便于加工和节省材料，油尺的手柄和尺杆常有两个元件铆接和焊接在一起。油尺在减速器上安装，可采用螺纹连接，也可采用 h9/h8 配合装入。检查油面高度时拔出油尺，以杆上油痕判断油面高度。在油尺上刻有最高和最低油面的刻度线，油面位置在这两个刻度线之间视为测量正常。如果需要在运转过程中检查油面，为避免因油搅动影响检查效果，可在油尺外装隔离套。设计时，应注意到箱座油标尺孔的倾斜位置便于加工和使用。在不与机体凸缘相干涉，并保证顺利装拆和加工的前提下，油标尺的设置位置应尽可能高一些，以防油进入油尺座孔而溢出，并与水平面夹角不得小于 45°。在减速器离地面较高便于观察或箱座较低无法安装油尺的情况下，可采用圆形油标或管状油标。

（10）通气器

通气器安装在机盖顶部或窥视孔盖上。常用的通气器有简易通气器（如通气螺塞）和网式通气器两种结构形式，如图 16-22 所示。简易的通气器常用带孔螺钉制成，但通气孔不直通顶端，以免灰尘进入，这种通气器用于比较清洁的场合。网式通气器有金属网，可以减少停车后灰尘随空气吸入箱体，它用于多尘环境的场合。通气器的尺寸规格有多种，应视减速器的大小选定。

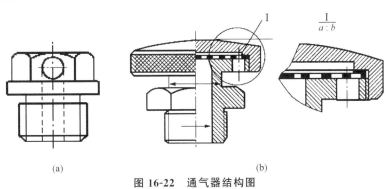

图 16-22　通气器结构图

（11）定位销

定位销（见图16-23）通常采用两个圆锥销。为了提高定位精度，两个定位销的距离应尽量远一些。常安置在箱体纵向两侧连接凸缘上，并呈非对称布置，以保证定位效果。圆锥销孔的加工分两道工序，先钻出圆柱孔，然后用 1∶50 锥度的铰刀铰配出圆锥孔。因此定位销的位置既要考虑到钻、铰孔的方便，又要与连接螺栓、吊钩、起盖螺钉等不发生干涉。定位销的直径一般取 $d = (0.7 \sim 0.8)d_2$，其中 d_2 为箱盖和箱座连接螺栓的直径，其长度应大于箱盖和箱座连接凸缘的总厚度，以利于装拆。

（12）起吊装置

起吊装置中的吊环螺钉（见图16-24）、箱盖上的吊耳（见图16-25a）、吊钩（见图16-25b）用于拆卸箱盖，也允许用来吊运轻型减速器。当减速器的质量较大时，搬运整台减速器，只能用箱座上的吊钩（见图16-25c），而不允许用箱盖上的吊环螺钉或吊耳，以免损坏机盖和箱座连接凸缘结合面的密封性。

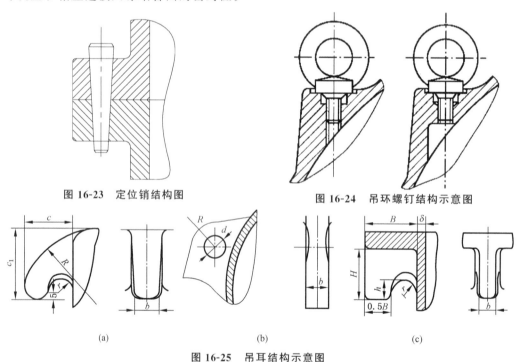

图 16-23　定位销结构图　　　　　图 16-24　吊环螺钉结构示意图

(a)　　　　　　　　(b)　　　　　　　　(c)

图 16-25　吊耳结构示意图

（13）调整垫片

为了调整轴承间隙，在端盖与箱体之间放置由多片很薄的软金属组成的调整垫片，如图16-26所示。有的垫片只起密封作用，有的垫片起调整整个传动零件（如蜗轮等）轴向位置的作用。

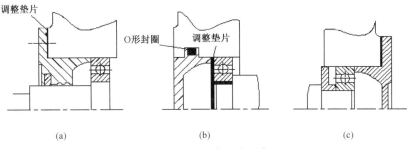

(a)   (b)   (c)

图 16-26　调整垫片结构示意图

16.4.2　减速器的润滑与密封

齿轮传动或蜗杆传动时，相啮合的齿面间存在相对滑动，因此不可避免地会产生摩擦和磨损，增加了动力消耗，降低传动效率，特别是高速、重载齿轮传动，就更需要考虑齿轮的润滑。一般来说，齿轮传动的润滑问题主要包括润滑剂和润滑方式的选择。

16.4.2.1　减速器的润滑

减速器的润滑方式很多，如油脂润滑、浸油润滑、压力润滑、飞溅润滑等。下面分别介绍几种常见的润滑方式。

1. 润滑剂的选择

工程上，齿轮传动中最常用的润滑剂有润滑油和润滑脂两种。润滑脂主要用于不易加油或低速、开式齿轮传动的场合；一般情况均采用润滑油进行润滑。齿轮传动、蜗杆传动所用润滑油的黏度是根据传动的工作条件、圆周速度或滑动速度、温度等分别按表 16-12、表 16-13 来选择。根据所需的黏度按表 16-14 选择润滑油的牌号。

表 16-12　齿轮传动中润滑油黏度的荐用值

齿轮材料	齿面硬度	圆周速度/(mm^2/s)						
		<0.5	$0.5\sim1$	$1\sim2.5$	$2.5\sim5$	$5\sim12.5$	$12.5\sim25$	>25
调质钢	$<280\,HBS$	266(32)	177(21)	118(11)	82	59	44	32
	$280\sim350\,HBS$	266(32)	266(32)	177(21)	118(11)	82	59	44
渗碳或表面淬火钢	$40\sim64\,HBS$	444(52)	266(32)	266(32)	177(21)	118(11)	82	49
塑料、青铜、铸铁		177	118	82	59	44	32	—

注：(1) 多级齿轮传动，润滑油黏度按各级传动的圆周速度平均值来选取。

(2) 表内数值为温度 50 ℃的黏度，括号内的数值为温度为 100 ℃时的黏度。

表 16-13　蜗杆传动中润滑油黏度的荐用值

滑动速度/(m/s)	≤1	≤2.5	≤5	>5~10	>10~15	>15~25	>25
工作条件	重	重	中	—	—	—	—
运动黏度	444(52)	266(32)	177(21)	118(11)	82	59	44
润滑方法	油池润滑			油池或喷油润滑	喷油润滑,喷油压/(N/mm²)		
					0.07	0.2	0.3

注：表内数值为温度 50 ℃的黏度,括号内的数值为温度为 100 ℃时的黏度。

表 16-14　常用润滑油的主要性能和用途

名称	代号	运动黏度/(mm²/s)		凝点 ≤℃	闪点 ≥℃	主要用途
		40 ℃	50 ℃			
全损耗系统用油 (GB 443—1989)	AN46	41.4~50.6	26.1~31.3	−5	160	用于一般要求的齿轮和轴承的全损耗系统的润滑,不适用于循环润滑系统
	AN68	61.2~74.8	37.1~44.4	−5	160	
	AN100	90.0~110	52.4~56.0	−5	180	
	AN150	135~165	75.9~91.2	−5	180	
中负荷工业齿轮油 (GB 5903—1986)	CKC68	61.2~74.8	37.1~44.4	−8	180	用于化工、水泥、陶瓷、造纸冶金工业部门中负荷工业齿轮传动装置的润滑
	CKC100	90.0~110	52.4~56.0	−8	180	
	CKC150	135~165	75.9~91.2	−8	200	
	CKC220	198~242	108~129	−8	200	
	CKC320	288~352	151~182	−8	200	
	CKC460	414~506	210~252	−8	200	
	CKC680	612~748	300~360	−5	220	
重负荷工业齿轮油	CKD68	61.2~74.8	37.1~44.4	−8	180	用于高负荷齿轮(齿面力>1100 N/mm²),如采矿、冶金、轧钢中的齿轮润滑
	CKD100	90.0~110	52.4~56.0	−8	180	
	CKD150	135~165	75.9~91.2	−8	200	
	CKD220	198~242	108~129	−8	200	
	CKD320	288~352	151~182	−8	200	
	CKD460	414~506	210~252	−8	200	
	CKD680	612~748	300~360	−8	220	
蜗杆蜗轮油 (SH 0094—1991)	CKE220 CKE/P220	198~242	108~129	−6	200	用于蜗轮、蜗杆传动的润滑
	CKE320 CKE/P320	288~352	151~182	−6	200	

名称	代号	运动黏度(mm^2/s)		凝点 ≤℃	闪点 ≥℃	主要用途
		40 ℃	50 ℃			
蜗杆蜗轮油 (SH 0094-1991)	CKE460 CKE/P460	414～506	210～252	−6	220	用于蜗轮、蜗杆传动的润滑
	CKE680 CKE/P680	612～748	300～360	−6	220	
	CKE1000 CKE/P1000	900～1100	425～509	−6	220	

2.齿轮的润滑方式

(1) 油池浸油润滑。在减速器中,齿轮的润滑方式应根据齿轮的圆周速度 v 而定。当 $v \leqslant 12$ m/s 时,多采用油池润滑,齿轮浸入油池一定深度,齿轮运转时就把油带到啮合区,同时也甩到箱壁上,借以散热。

齿轮浸油深度以 1～2 个齿高为宜。当速度高时,浸油深度约为 0.7 个齿高,但不得小于 10 mm。当速度较低(0.5～0.8 m/s)时,浸油深度可以为 1/6～1/3 的齿轮半径(见图 16-27)。

在多级齿轮传动中,当高速级大齿轮浸入油池一个齿高时,低速级大齿轮浸油可能超过了最大深度。此时,高速级大齿轮可采用溅油轮来润滑,即利用溅油轮将油溅入齿轮啮合处进行润滑(见图 16-28)。

采用锥齿轮传动时,宜把大锥齿轮整个齿宽浸入油池中(见图 16-29),至少浸入 0.7 倍的齿宽。

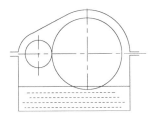 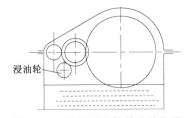

图 16-27　油池润滑　　　图 16-28　采用溅油轮的油池润滑　　　图 16-29　锥齿轮油池润滑

采用上置式蜗杆减速器时,将蜗轮浸入油池中,其浸油深度与圆柱齿轮相同(见图 16-30a)。采用下置式蜗杆减速器时,将蜗杆浸入油池中,其浸油深度约为 0.75～1 个齿高,但油面不应超过滚动轴承最下面滚动体的中心线(见图 16-30b),否则轴承搅油时发热较大。当油面达到轴承最低的滚动体中心而蜗杆尚未浸入油中,或浸入深度不够时,或因蜗杆速度较高,为避免蜗杆直接浸入油中后增加搅油的损失,一般常在蜗杆轴上安装带肋的溅油环,利用溅油环将油溅到蜗杆和蜗轮上进行润滑(见图 16-31)。浸油深度确定后,即可确定所需油量,并按传递功率大小进行验算,以保证散热。油池容积 v 应大于或等于传动的需油量 v_0。对于单级传动,每传递 1 kW 需要油量为 0.35～0.37 dm^3;

对于多级传动,按级数成比例增加,如果不满足,则适当增加箱座的高度,以保证足够的油池容积。

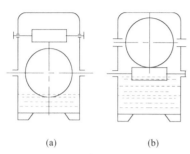 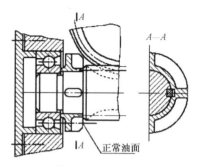

图 16-30 蜗杆传动油池润滑　　　　　图 16-31 溅油环

浸油润滑的换油时间一般为半年左右,主要取决于油中杂质多少及油被氧化、污染的程度。

(2)压力喷油润滑。当齿轮圆周速度 $v > 12$ m/s,或上置式蜗杆圆周速度 $v > 10$ m/s时,就要采用压力喷油润滑。这是因为圆周速度过高,齿轮上的油大多被甩出去,而达不到啮合区;速度高时齿轮搅油过于激烈,使油温升高,降低润滑油的性能,还会搅起箱底的杂质,加速齿轮的磨损。当采用喷油润滑时,用油泵将润滑油直接喷到啮合区进行润滑(见图 16-32 和图 16-33),同时也起散热作用。

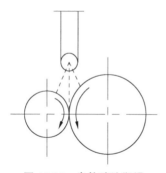 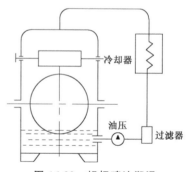

图 16-32 齿轮喷油润滑　　　　　图 16-33 蜗杆喷油润滑

16.4.2.2 滚动轴承的润滑

在滚动轴承中,常采用的润滑剂有润滑油和润滑脂两种形式。当滚动轴承的速度因数 $d \cdot n \leqslant 2 \times 10^5$ mm·r/min 时,一般采用润滑脂润滑,润滑脂的牌号可根据滚动轴承的工作条件并参照表 16-14 进行选择。当滚动轴承的速度因数 $d \cdot n > 2 \times 10^5$ mm·r/min 时,可直接用减速器油池内的润滑油进行润滑。

200

表 16-15　常用润滑脂的主要性能和用途表

名称	代号	针入度(25 ℃ 150 g)1/10 mm	滴点 (℃) 不低于	主要用途
钙基润滑脂 (GB 491—1991)	1 号	310～340	80	耐水性能好,适用于工作温度≤55～60 ℃ 的工业、农业和交通运输等机械设备的轴承润滑,特别适用于有水或潮湿的场合
	2 号	265～295	85	
	3 号	220～250	90	
	4 号	175～205	95	
钠基润滑脂 (GB 492—1991)	2 号	265～295	160	耐水性能差,适用于工作温度≤110 ℃ 的一般机械设备轴承的润滑
	3 号	220～250	160	
钙钠基润滑脂 (SH 0368—1992)	1 号	310～340	120	用在工作温度 80～100 ℃,有水分或较潮湿环境中工作的机械的润滑,多用于铁路机车、列车、小电动机、发电机的滚动轴承(温度较高)润滑,不适于低温工作
	2 号	265～295	135	
滚珠轴承脂 (SH 0368—1992)	ZG69-2	250～290	120	用于各种机械的滚动轴承润滑
通用锂基润滑脂 (GB 7324—1991)	1 号	310～340	170	用于工作温度在 −20～120 ℃ 范围内各种机械滚动轴承、滑动轴承的润滑
	2 号	265～295	175	
	3 号	220～250	180	
7407 号齿轮润滑脂 (SH 0469—1992)		75～90	160	用于各种低速齿轮、中或重载齿轮、链和联轴器等的润滑,使用温度≤120 ℃,承受冲击载荷≤25000 MPa

16.4.2.3　润滑方式介绍

1.润滑油润滑

(1)飞溅润滑。减速器中当浸油齿轮的圆周速度 $v>2～3$ m/s 时,即可采用飞溅润滑。飞溅的油,一部分直接溅入轴承,另一部分先溅到箱壁上,然后再顺着箱盖的内壁流入箱座的油沟中,沿着油沟经过轴承端盖上的缺口进入轴承(见图 16-34)。输油沟的结构及其尺寸如图 16-35 所示。当 v 更高时,可不设置油沟,直接靠飞溅的油润滑轴承。上置式蜗杆减速器因蜗杆在上,油飞溅比较困难,因此若采用飞溅润滑,则需设计特殊的导油沟,使箱壁上的油通过导油沟进入轴承,起到润滑的作用。

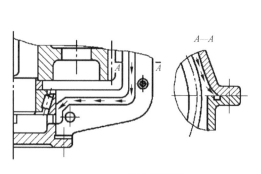

图 16-34 输油沟润滑

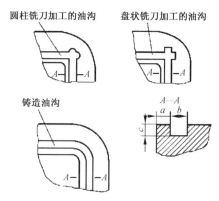

图 16-35 输油沟结构

（2）刮油润滑。下置式蜗杆的圆周速度即使大于 2 m/s，但由于蜗杆位置太低，且与蜗轮轴在空间成垂直方向布置，飞溅的润滑油难以进入蜗轮的轴承室，此时轴承可采用刮油润滑。如图 16-36a 所示，当蜗轮转动时，利用装在箱体内的刮油板，将轮缘侧面上的油刮下，润滑油沿输油沟流向轴承。如图 16-36b 所示的是将刮下的油直接送入轴承的方式。

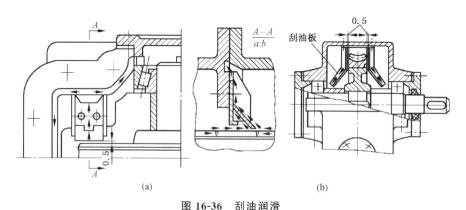

图 16-36 刮油润滑

（3）油池润滑。下置式蜗杆的轴承常浸在油池中润滑，此时油面不应高于轴承最下面滚动体的中心，以免搅油时损失太大。

2．润滑脂润滑

齿轮圆周速度 $v<2$ m/s 的齿轮减速器的轴承、下置式蜗杆减速器的蜗轮轴轴承、上置式蜗杆减速器的蜗杆轴轴承常采用润滑脂润滑。采用润滑脂润滑时，通常在装配时将润滑脂填入轴承室，每工作 3～6 个月需补充一次新油，每过一年需拆开清洗换用新油。为了防止箱内油进入轴承，使润滑脂稀释流出或变质，在轴承内侧利用挡油盘封油（见图 16-37）。填入轴承室内的润滑脂量一般为：对于低速（300 r/min 以下）及中速（300～150 r/min）轴承，不超过轴承室空间容积的 2/3；对于高速（1500～3000 r/min）轴承，则不超过轴承室空间容积的 1/3。

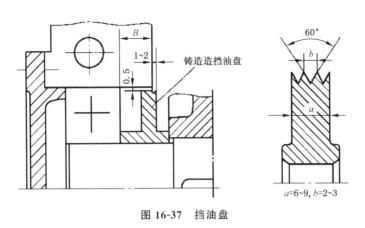

图 16-37　挡油盘

$a=6\sim9, b=2\sim3$

16.4.2.4　减速器的密封

减速器的密封除了前面所述的窥视孔、放油孔的接合面密封外，还需在箱盖与箱体接合面和伸出轴与轴承盖等处进行密封。

1. 箱盖与箱座接合面的密封

为了保证箱盖与箱座接合面的密封，对接合面的几何精度和表面粗糙度应有一定的要求，一般要精刨到表面粗糙度值小于 1.6 μm，重要的需刮研。在接合面上涂密封胶（601 密封胶、7302 密封胶及液体尼龙密封胶等）或水玻璃，也可在接合面上同时开回油沟。回油沟上应开回油道，让渗入接合面缝隙中的油可通过回油沟及回油道流回油箱内油池以增加密封效果。同时凸缘连接螺栓的间距不宜过大，小型减速器应小于 $100\sim150$ mm。为保证轴承与座孔的配合要求，一般禁止用在接合面上加垫片的方法来密封。

2. 伸出轴与轴承盖间的密封

伸出轴与轴承盖之间有间隙，必须安装密封件，使得滚动轴承与箱外隔绝，防止润滑油（脂）漏出和箱外杂质、水及灰尘等进入轴承室，避免轴承急剧磨损和腐蚀。密封形式很多，密封件多为标准件，应根据具体情况选用。常见的密封形式有毡圈密封（见图 16-38a）、橡胶密封（见图 16-38b）、油槽密封（见图 16-38c）和迷宫密封（见图 16-38d）。

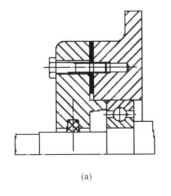

(a)

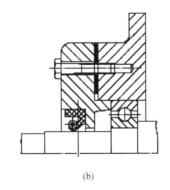

(b)

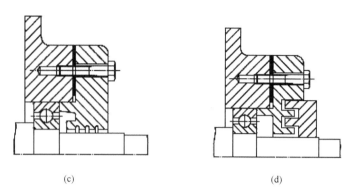

图 16-38　伸出轴与轴承盖密封型式

（1）毡圈密封

毡圈密封利用密封元件实现轴承与外界隔离（见图 16-38a）。这种密封结构简单，价格低廉，安装方便，对润滑脂润滑也能可靠工作。但密封效果较差，对轴颈接触面的摩擦较为严重，毡圈的寿命较短，但适用于密封处轴的表面圆周速度 $3\sim5$ m/s 以下的情况，且工作温度小于 60 ℃的脂润滑场合。图 16-39 为毡圈和槽结构图。

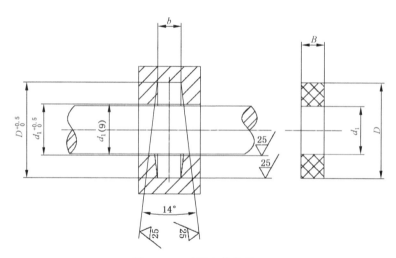

图 16-39　毡圈和槽结构图

（2）橡胶密封

橡胶密封效果较好，所以得到广泛应用（见图 16-38b）。这种密封件装配方向不同，其密封效果也有差别，图 16-38b 装配方法，对左边密封效果较好。如果用两个这样的橡胶密封件相对放置，则效果更好。

（3）沟槽密封

沟槽密封是通过在运动构件与固定件之间设计较长的环状间隙（约 $0.1\sim0.3$ mm）和不少于 3 个的环状沟槽，并填满润滑剂来达到密封的目的（见图 16-38c）。这种方式适应于脂润滑和低速油润滑，且工作环境清洁的轴承。

（4）迷宫密封

迷宫密封是通过在运动构件与固件之间构成迂回曲折的小缝隙来实现密封的（见图16-38d），缝隙中填满润滑脂，对各种润滑剂均有良好的密封效果，对防尘和防漏也有较好效果，圆周速度可达 30 m/s，密封可靠，但结构复杂。

参 考 文 献

[1] 张锦明.机械设计课程设计[M].南京:东南大学出版社,2014.

[2] 韩晓娟.机械设计课程设计[M].北京:机械工业出版社,2000.

[3] 李建功.机械设计基础[M].北京:机械工业出版社,2012.

[4] 王利华.机械设计实践教程[M].武汉:华中科技大学出版社,2012.

[5] 机械设计手册编委会.机械设计手册:单行本.减速器和变速器[M].北京:机械工业出版社,2007.

[6] 杨艳芬.汽车底盘构造与维修[M].北京:中国人民大学出版社,2011.

[7] 南长根,张春明.汽车构造(下)[M].南昌:江西高校出版社,2013.

[8] 吴建华.汽车发动机原理[M].北京:机械工业出版社,2015.

[9] 史楠.汽车发动机构造[M].北京:电子工业出版社,2016.

[10] 罗永革,冯樱.汽车设计[M].北京:机械工业出版社,2011.

[11] 姚美红,栾琪文.汽车构造与拆装实训教程[M].北京:机械工业出版社,2013.

[12] 何存兴.液压元件[M].北京:机械工业出版社,1981.

[13] 曹桄,王鸿禧.液压元件原理与结构彩色立体图集[M].上海:上海翻译出版公司,1988.

[14] 黄开榜.金属切削机床[M].哈尔滨:哈尔滨工业大学出版社,1998.

[15] 赵世华.金属切削机床[M].北京:航空工业出版社,1996.

[16] 蒋汪萍.发动机原理[M].成都:西南交通大学出版社,2017.

[17] 梅雪松,章云,杜喆.机床主轴高精度动平衡技术[M].5版.北京:科学出版社,2015.

[18] 陈培陵.汽车发动机原理[M].2版.北京:人民交通出版社,1999.

[19] 陈新亚.汽车为什么会跑:发动机图解[M].北京:机械工业出版社,2015.

[20] 邱言龙,雷振国.机床机械维修技术[M].5版.北京:中国电力出版社,2014.

[21] 张志沛.汽车发动机原理[M].北京:人民交通出版社,2002.

[22] 陈家瑞.汽车构造[M].北京:人民交通出版社,2004.

[23] 刘峥,王建昕.汽车发动机原理教程[M].北京:清华大学出版社,2001.

[24] 孙军.汽车发动机原理[M].合肥:安徽科学技术出版社,2001.

[25] 阎春利,王宪彬.发动机原理[M].哈尔滨:东北林业大学出版社,2016.

[26] 田有为,高宇,丁伟.发动机机械系统检修[M].北京:北京理工大学出版社,2014.

[27] 闻邦椿.机械设计手册:单行本.减速器和变速器[M].5版.北京:机械工业出

版社,2015.

    [28] 程乃士. 减速器和变速器设计与选用手册[M].5 版.北京:机械工业出版社,2007.

    [29] 张展. 减速器设计与实用数据速查[M].5 版.北京:机械工业出版社,2010.

    [30] 曹金榜. 机床主轴变速箱设计指导[M].5 版.北京:机械工业出版社,1987.

    [31] 白海清. 机床夹具及量具设计[M].5 版.重庆:重庆大学出版社,2013.